父母，请这样培养孩子的情商

Fumu,Qing Zheyang
Peiyang Haizi de Qingshang

傅春晖 / 著

中国纺织出版社

内容提要

美国哈佛大学教授丹尼尔·戈尔曼指出，在促使一个人成功的个人因素中，情商的作用占到了80%，而智商的作用只占20%。然而时下家庭教育的现状是，大部分父母只重视孩子的智力开发而忽视了情商教育，所以很多孩子身上出现了抑郁、自闭、蛮横、暴躁、自卑、自私、任性以及经受不了挫折等影响孩子健康成长的一系列问题。不难想象，尽管一个孩子的智商很高，但是如果他承受挫折的能力很差，那么他也很难取得什么成就。所以，培养孩子高情商，是家庭教育中不容忽视的一环。

本书在揭示大多数孩子在情商方面所存在的一些普遍问题的同时，更给广大父母们提供了建议，帮助父母找到提高孩子情商的良方，从而帮助孩子健康成长，并为孩子以后的成功打下坚实的基础。

图书在版编目(CIP)数据

父母，请这样培养孩子的情商/傅春晖著. —北京：中国纺织出版社，2010.11

(好父母，好孩子)

ISBN 978-7-5064-6570-0

Ⅰ.①父… Ⅱ.①傅… Ⅲ.①家庭教育 ②少年儿童—情绪—智力商数—培养 Ⅳ.①G78 ②B842.6

中国版本图书馆CIP数据核字(2010)第114438号

策划编辑：王　慧　　责任编辑：韩雪飞

特约编辑：李巧新　　责任印制：周　强

中国纺织出版社出版发行

地址：北京东直门南大街6号　邮政编码：100027

邮购电话：010—64168110　传真：010—64168231

http://www.c-textilep.com

E-mail:faxing@c-textilep.com

北京华戈印务有限公司印刷　各地新华书店经销

2010年11月第1版 2015年2月 第2次印刷

开本：710×1000　1/16　印张：20

字数：196千字　定价：33.80元

凡购本书，如有缺页、倒页、脱页，由本社图书营销中心调换

前 言

不管在什么时候，孩子的教育始终是父母最关心的问题。每位父母都不希望自己的儿女庸庸碌碌地度过一生，他们都想让孩子拥有属于自己的成功。可是这一切并不是凭空得来的，它必须建立在良好的教育基础之上。如果撇开对孩子的教育，那么，孩子的美好未来无疑就成为了无源之水，其人生的蓝图也无疑是空中楼阁。所以为了让孩子受到最好的教育，很多父母不惜人力、物力。

在教育中，假如错过了孩子最佳的教育时期，那么，在有些方面即使投入再多的精力也收不到预期的效果。目前，几乎所有的父母都非常重视对孩子智商的培养，比如，给孩子买来各种各样的学习辅导书让孩子不停地练习；孩子好不容易熬到了暑假和寒假，本来以为自己可以好好地放松一下了，可是父母又给孩子报了各种各样的学习辅导班。看着年幼的孩子被沉重的课业负担压得喘不过气来，父母心里固然十分难受，但是为了让孩子“拥有一个美好的未来”，他们也不得不狠下心来。

在这样的魔鬼式训练下，的确有很多孩子的学习成绩有了很大的提高，但是新的问题又摆在了父母的面前。

有些孩子的情绪很不稳定，极易受到外界的影响，他们常常因为一丁点小事就坐立不安、喜怒无常；有些孩子变得越来越冷漠，他们不懂得如何去关心别人，不懂得宽恕别人的过错，更不懂得感恩；有些孩子变得十分叛逆；有些孩子变得没有责任心，他们也不知道如何尊重别人；有些孩子承受挫折的能力越来越弱，一些微不足道的打击就让他们一蹶不振；有些孩子迫于升学的压力而放弃了自己的兴趣，他们的生活缺失了很多快乐；有些孩子在和别人交往的时候总是处于被动地位，不懂得如何去处理纷繁复杂的人际关系……

孩子之所以出现上述种种问题，就是因为父母忽视了对孩子的情商教育。“情商”是近年来由心理学家提出来的和“智商”相对应的概念，它主要包括认识自我、调控自我情绪、自我激励、认知他人和人际关系处理等五个方面。以前人们总是以为，一个人能否有所建树取决于智商的高低，智商高的人有可能取得更大的成就。而到了近代，无数心理学家和成功学家经过调查研究发现，一个人的情商对他是否能够取得成功也有着非常重要的作用。

美国哈佛大学教授丹尼尔·戈尔曼指出，在促使一个人成功的个人因素中，情商的作用占到了80%，而智商的作用只占20%。一直以来，大部分父母只重视孩子的智力开发而忽视了情感教育，所以孩子身上出现的问题越来越多。不难想象，尽管一个孩子的智商很高，他的学习成绩非常突出，但是如果他承受挫折的能力很差，那么他也很难取得什么成就，因为，在追逐梦想的过程中不可避免地要遇到很多艰难困苦。

当然，孩子的情商不仅仅是反映在承受挫折的能力上。为了帮助广大的父母系统地、有针对性地对孩子进行情商教育，本书从情绪、情感、性格、品德、意志、人际交往等几个方面阐述了当下孩子所面临的普遍问题，并且给出了一些切实可行的建议和方法。相信本书会给所有被孩子的情商教育困扰的父母以最有效的指导。

傅春晖

2010年10月

目录

第三章 进行情感教育，教孩子爱自己也爱他人

第四章 关注性格培养，好性格能带给孩子好运气

第五章　严抓品德教育，教孩子学做人

第六章　锻炼意志力，让孩子正确面对逆境

第七章　好父母胜过好老师，好兴趣胜过好成绩

第八章 交际从娃娃抓起，让孩子早一步踏入社会

第一章

自我调适，绽放情商的亮点

要想对孩子进行情商教育，父母们首先应该对情商有一个客观的认识。这时候你不妨问自己几个问题：情商是什么？让孩子拥有一个良好的学习成绩就万无一失了吗？对孩子进行情商教育真的有必要吗？为什么自己一定要成为高情商的父母？……

在本章中，我们将为您揭开情商教育的神秘面纱，为您培养高情商的孩子找到最佳方法。

父母，关于情商和智商你了解多少

种种科学研究已经告诉了人们一个不争的事实：一个人究竟能否成为一个出色的人才、取得巨大的成就，情商起到了决定性的作用。

成功并不是某些人的特权，那些取得了成功的人，除了是依靠他们的聪明才智以外，情商也发挥了不可替代的作用。有很多人虽然有扎实的专业知识，但是这些人因在小的时候没有接受良好的情商教育，导致其成年后的情商依然很低下，他们不懂得如何处理复杂的人际关系，承受挫折的能力也比较弱，所以经常会错失很多改变命运的机会。那些在学生时代学习成绩优异但是情商低下的人，在以后的人生路上变得碌碌而为的大有人在。

美国哈佛大学教授丹尼尔·戈尔曼提出了这样一个说法，智力因素对于一个人是否能够成功的影响只有区区的20%，而情商对于一个人能否成才的影响却高达80%，也就是说，成功=20%智商+80%情商。当然，这里的20%和80%并不是绝对比例，但是却足以让人们认识到，情商的高低才是一个人能否取得成功的关键因素。

曾经有人说，如果一个人能够拥有以下几点特质，那么，这个人肯定会取得成功。它们分别是：鲜明的目标、良好的自信心、强烈的上进心、良好的储蓄习惯、丰富的想象力、良好的自控能力、热情的工作和生活态度、专注、良好的抗挫能力、合作意识、个性、不记得失的付出、正确的思想态度。

只要稍加分析不难看出，上面提到的成功的必备条件，其中大部分都属于情商的范畴。虽然这些成功的必备条件并不完全等同于情商，但是它们的确从另外一个角度说明了情商对于人的成功所起到的决定性作用。

曾经有一个组织对500名高智商的孩子进行了40年的跟踪研究。结果，他们发现，有些孩子成年以后在自己的工作领域取得了巨大的成就，而另外一些人的生活却极为平庸。人们根据这些人所取得的成绩的情况把他们分别编入了“成功组”和“平庸组”。

这些人在童年时代的智力水平都很相近，即使到了成年，他们的智商也明显地高于一般人。可是为什么他们成年后的生活却会有这么大的差别呢？经过对比，人们发现，这两组人之间的最大区别在于他们的意志力。“成功组”的人在遇到困难和挫折的时候不会退缩，在坎坷面前，他们反而更加坚定了自己取得成功的信心；而“平庸组”的人意志力却非常薄弱，他们总是畏畏缩缩，遇到困难就会打退堂鼓，因此他们很难取得骄人的成就。

著名的生物学家达尔文小时候在老师的眼里是一个平庸无能的孩子，老师甚至觉得这个孩子有点呆傻。可是达尔文却凭着自己对生物学的热爱和无尽的激情，坚持不懈地努力着，最后取得了辉煌的成就。那些当年曾经取笑过小达尔文的人应该感到无比的羞愧。

人们对某项事物的热爱、激情以及他坚持不懈的努力正是情商的重要组成部分，达尔文在这方面做得非常棒，所以他才达到了自己所从事的事业的顶峰。

凯文·米勒是美国洛兹集团的总裁，学生时代的他成绩一直都在

班级的下游，高中毕业的时候，他的文化课成绩根本就没有达到大学的录取分数线。他凭借着过人的体育天赋才进入了芝加哥大学学习。不过这个可爱的大男孩情商却非常高，后来他凭借着自己良好的人际交往能力、优秀的领导才能和独特的人格魅力成为了一个跨国集团的领导者。

也就是说，即使你的孩子并不是神童，也不要放弃希望，因为孩子智力的不足完全可以用高情商来弥补。

父母应该知道的

从今天起，父母要转变自己的教育观念，不要再把眼光仅仅放在开发孩子的智力上，因为一个人的情商在人生道路上发挥着更重要的作用。父母必须清楚地认识到高情商的人在工作和生活中具有的优势，并且要将其牢牢地铭记于心：

1.高情商的人能够更好地了解别人

人是有着丰富情感的高级动物，通常情况下，高情商的人的情感更加细腻，在人际交往中更容易将心比心地站在对方的角度考虑问题，能够做到知己知彼。

2.高情商的人能够更好地认识自己，他们会更加自信

高情商的人善于站在一个客观的角度对自己进行一个全方位的审查，不会毫无根据地放大自己的优点，当然也不会否认自己的缺点。生活中，有很多人总是希望能够很好地了解自己，可是当他们产生了这样的疑问的时候，不是通过自省，而是通过他人对自己的评价来对自己进行判断。一般来说，这样的人往往比较脆弱、敏感，他们的情绪也容易受到外界的影响。

3.高情商的人更容易在文学方面取得突出成就

所有的作家和诗人都是高情商的人，高情商可以帮助他们更好地体察和探测到不同情况下人们的心理活动和感情状况，然后再用自己的笔墨把心中的故事描绘出来，所以他们才成为令很多人羡慕的风流才俊，用自己的作品征服了无数读者。

4.高情商的人在社交场合游刃有余

高情商的人往往具有较强的人际交往能力，在社交场合游刃有余。而现实生活中，有很多人虽然业务能力较强，但是他们一旦步入社交场合，这些人就会显得非常紧张，茫然失措。这就是由于其情商低，无法处理人际交往的事务，因此才会显得局促不安。

5.高情商的人不会被挫折轻易地打倒

高情商的人往往有很强的抗挫能力，他们不会轻易地被打倒，有时即使自己被误解，他们也依然坚持自己的梦想，所以这样的人也更容易取得事业的成功。

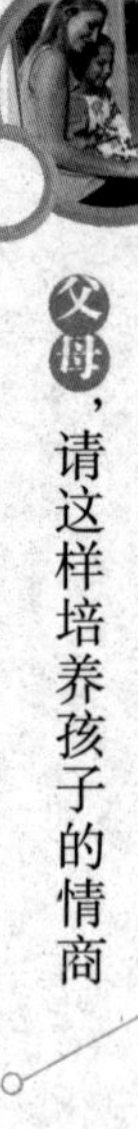

情商之于孩子究竟有多重要

心理学家经过深入的研究发现，一个人的情商主要包括认知自我情绪、认知他人情绪、调控自身情绪、自我激励和处理良好的人际关系等几种能力。情商的高低是判断一个人生存能力的重要指标。

著名心理学博士张怡筠女士是上海电视台《心灵花园》和《大话爱情》的嘉宾主持，她毕业于美国佐治亚理工学院，是第一位用中文写作情商专业书籍的学者。她的作品《EQ其实很简单》出版后引起了强烈反响，后来她又陆续推出了几本有关情商的书籍。张怡筠本身就是一个拥有高情商的人。

小时候的张怡筠很调皮，经常惹妈妈生气，有时候怒不可遏的妈妈会象征性地动手教训她几下。后来，妈妈在参加了一个心理培训班以后就不再动手了。因此，张怡筠从儿时起就对心理学产生了浓厚的兴趣。高考填报志愿的时候，她毫不犹豫地选择了心理学，可是这一选择却遭到了老师和父母的一致反对，因为那时候心理学还是一个比较冷门的学科。

不过，张怡筠是一个有主见的姑娘，只要是她认准的事情，就绝不会轻易回头。后来，她以高出录取分数线50分的成绩被台湾政治大学心理学系录取。

本科毕业后，她又去美国继续深造。现在的张怡筠不仅是一个十分优秀的心理医生，还致力于让中国的父母们重视孩子的情商教育。

作为一个资深的心理学家，她在自己的孩子的情商教育上花费了很大的精力。每天她都会给孩子布置一项亲子作业。例如，她曾经让孩子试着区分幽默与自嘲、讽刺、挖苦以及嘲笑之间的区别，并且要求孩子用自己的语言、夸张的肢体动作演示心中的幽默。每当孩子和同伴发生矛盾的时候，她都会让孩子试着站在对方的角度来考虑问题，长此以往，孩子变得越来越懂事了。

张怡筠之所以成为一名心理学博士和她的高情商有很大关系，如果她当初在填报高考志愿的时候意志不够坚定，听从了老师或父母让她报考医学专业的观点，那么她就不会拥有现在的辉煌。现在的张怡筠已经成了一位心理学专家，她还把自己的研究成果运用到教育实践当中。事实证明，她的选择是正确的。

当然，也有很多由于情商过低而导致的血淋淋的教训。例如，随着经济的发展，越来越多的心理问题开始出现，近年来，高学历自杀的人数不断攀升。

不久前，一位名叫袁健的人的自杀消息被炒得沸沸扬扬。袁健生前供职于某基金公司，该公司决定在2010年春节期间开始实行末位淘汰制度，这让刚刚毕业半年的袁健感到异常焦虑，他有一种不祥的预感。果然，2010年3月2日，该基金公司向袁健发出了解聘通知书，袁健顿时感到天塌地陷，于是在3月4日匆匆地结束了自己的生命。其实，袁健拥有令人羡慕的学历，他是北京大学2006级经济学、金融学双硕士班学生，并于2009年夏季修完全部课程而顺利毕业，此后就进入了这家基金公司。

袁健是名校的热门专业毕业生，可是他却年纪轻轻而走上了不归路。也许人们没有资格去评论一个人最终的选择，但是，如果他有较强的心理素质和排解不良情绪的方法，也许就不会走上轻生的道路。毋庸置疑，袁健拥有高于常人的智商，但是他的情商水平却让人不敢恭维。他的心理承受能力太差了，虽然已经接受了二十几年的教育，但是在面对挫折的时候，他却显得那样脆弱，最终导致了一场人生悲剧。

父母应该知道的

对于孩子来说，情商教育有着不可估量的巨大作用。父母要明确以下几点：

1.世界上没有笨孩子

拉菲尔总感觉生活压抑。他父亲经营着一家大公司，而他却在许多方面表现平平，甚至需要家庭教师的帮助才能勉强读完所学的课程。

拉菲尔每天都沉浸在不如父亲的失落中，由于从未体验过成功的喜悦，他每天都不快乐。

拉菲尔的家庭教师喀秋莎为拉菲尔的沉默寡言感到奇怪。有一天上完课，她问："拉菲尔，我感觉你总是不快乐，能告诉我原因吗？"

"我没有个性，也从未获得过成功。"拉菲尔说，"瞧，我爸爸很了不起，而我作为他的儿子，却那么平凡。我对学习不感兴趣，而且几乎无法找到可以让我感到自豪的事情。我是个十足的笨蛋！"

"拉菲尔，不知道你是否听过这句话？"喀秋莎老师说。

“什么？”拉菲尔抬起头，望着老师。

“世界上没有笨蛋！”喀秋莎老师说，“这句话是我听我的老师说的，而现在我又把它说给你听。”

“尽管人与人的智力不同，但上帝却很公平。你可能不擅长学习，但是世上总有一些事情是你擅长的，只不过是你没有发现罢了。”喀秋莎老师接着说，“因此你一定要去寻找你所擅长的，也就是你真正感兴趣的东西。假如你同意的话，我可以带你去一个非常好玩的地方。我想你一定还没有尝试过飞翔的感觉吧？”

“是的，我想也许你说的是对的。”拉菲尔说。

喀秋莎老师带着拉菲尔来到一个飞行基地，他们上了一架小型直升机。

“好棒的感觉！”拉菲尔兴奋地说，“我喜欢飞行，我喜欢这种感觉，我仿佛天生就有这种本领。”

从那时候起，拉菲尔开始自信了，因为他终于发现自己并非一无是处，他有自己擅长的东西。自信和快乐仿佛从此伴随着他。

“我知道我并非才华横溢，但是我却擅长飞翔。”他总是这样对别人说。

十年后，拉菲尔接替了父亲的公司，他把公司带到了一个非常好的发展阶段，比父亲经营时还要好。

每个人的智力都不一样，但除了极少数智商特别高的人以外，大多数人的智商都相差无几。我们切不可以此来打击孩子，而要对他们多多鼓励。

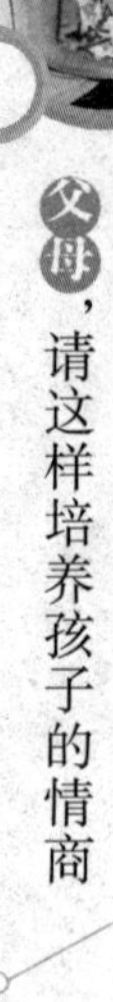

2.情商可以让孩子有一个健康的身体

现代医学已经证明，一个人的身体状况和他的情绪有密切关系。而情商教育的重要内容之一就是让孩子有效地认识和控制自己的情绪。当孩子的自控能力提高时，就可以及时摆脱抑郁、悲伤、愤怒、焦躁不安等不良情绪，让自己保持愉悦、热情、乐观等积极向上的心态。人体在轻松愉悦的情绪影响下，各个器官都会健康地运行，于是就可以减少疾病的发生。

其实，中国古代人早就注意到了情绪对身体的影响，“怒伤肝，喜伤心，思伤脾，忧伤肺，恐伤肾”说的就是这个情况。

3.情商可以激发孩子大脑的思维潜力

如果孩子的心情比较愉悦，他的情绪也没有太大的波动，这种状态会增强脑细胞的活跃程度，使大脑处在一个最佳的状态。这时孩子的思维非常敏捷、考虑问题也比较周全，这样一来就会有效地开发孩子的智力，从而使孩子更加快捷地完成学习任务。

更重要的是，如果孩子的情商提高了，就可以有很多准确的直觉。他们会透过事物的表面现象，感觉到事物的本质联系，并且有可能得出一些创造性的见解。

4.情商可以帮助孩子更好地抵抗挫折

每个孩子都有自己的梦想，他们会为了实现自己的梦想而不断地努力。在这一过程中，难免会遇到各种各样的挫折和磨难。那些有着高情商的孩子往往能更好地控制自己的言行，他们的抗挫能力也就更强。

这些孩子在失败或其他挫折面前不是一味地抱怨命运的不公而一蹶不振，他们会坐下来，仔细地分析失败的原因，吸取教训，然后及时地调整方法，继续努力前行。

5. 良好的情商是孩子动力的源泉

情商的核心动力就是自我激励。自我激励可以激起孩子的热情、乐观、兴趣、自信等因素，这样一来，孩子的动力就会被全部激活，在这些因素的相互配合下，孩子在学习时就会全身心地投入其中。人们常说，兴趣是最好的老师，就是因为兴趣可以激发孩子钻研、探索的精神，并给他们以强烈的获取成功的渴望 。那些自信的孩子，会肯定自己的价值，绝不妄自菲薄，他们的生活里也是充满阳光。

除此之外，心理学家经过潜心研究还发现，一个人能否取得最后的成功，能否生活得更加幸福，在很大程度上取决于情商的高低。那些情商高的人在处理人际关系时会如鱼得水，这是大有裨益的。因为一个人的成功不可能离开他人直接或间接的帮助，高情商的人能够建立良好的人际关系，并从人际关系中得到很多帮助。

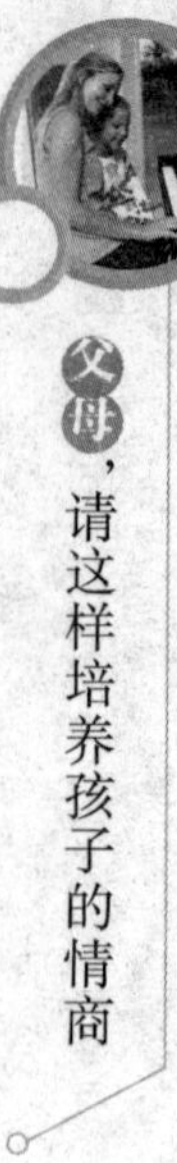

别忽视对孩子的情商教育

1983年6月，一个小男孩出生在湖南华容县的一个普通家庭，他的父亲是一名参加过抗美援朝战争的老兵，由于在战争中负伤，因此一直瘫痪在床。他的母亲是一名普普通通的工人。谁也没有想到，这个小男孩在日后竟然会创造一个令世人瞠目结舌的奇迹。他就是曾经的神童——魏永康。

和所有父母一样，母亲曾学梅对孩子抱以极大的期望。她深深懂得知识对一个人人生的重要性，她深信，只要学好知识就能所向无敌。于是，在孩子刚刚出生两三个月的时候，她就开始教孩子认字，同时还不厌其烦地给孩子诵读唐诗宋词。她不仅是孩子的母亲，更是孩子的启蒙老师。曾学梅也知道，那么小的孩子肯定不理解自己说的是什么，但她仍然坚信这样做是有百利而无一害的。事实证明，她给孩子进行的早期教育，的确起到了很大的作用。

魏永康在母亲的悉心教育下逐渐显示出与众不同的特点，例如，只有两岁大的魏永康竟然已经掌握了一千多个汉字，4岁时魏永康就已经学完了全部的初中课程，他的小学生活只有短短的两年时间。8岁时，他就已经进入本县的重点中学读书了。更令人匪夷所思的是，魏永康竟然在13岁时考入了湘潭大学，大学毕业时仅有17岁，而那时他的同龄人还在读高中。大学毕业后，他顺利地考入了中科院，成为该校年纪最小的硕博连读在校生。

如果魏永康从此一帆风顺也是人生一大美事，可是偏偏在他就读中科院第三年的时候，被校方劝退了。为什么会出现这种情况呢？难道这个尽人皆知的神童违反校规校纪了吗？当人们对魏永康进行深入了解之后才发现，原来他被劝退的根本原因就源于他母亲“无微不至”的关怀。

原来，母亲曾学梅一心想让儿子成才，她从不让儿子做家务，不带儿子外出游玩，也不让儿子和其他小伙伴在一起嬉戏，而是安排所有的时间让儿子学习。儿子读研究生之前，她扮演了陪读的角色，全程照顾儿子的饮食起居。在这种教育下，魏永康连最基本的人际交往常识都不懂，甚至没有主动和人交流的意识。魏永康的大学辅导员曾说，魏永康来他家时从来不会敲门，有一次，老师带领魏永康到一位威望极高的教授家去做客，一进门，魏永康发现有人在沙发上看报纸，他二话不说就走上前去，夺过报纸径自看了起来。

与人交往的能力是判定情商高低的重要指标，可是魏永康却连基本的交往常识都不懂。更让人不能理解的是，他在上大学时竟然连生活都不能自理，加之一味死板地学习，导致知识结构不能适应中科院的要求，因此不免遭遇了劝退的尴尬。而这一切都和他母亲的教育方式有着极为密切的关系。

尽管现在很多父母已经开始重视孩子的全面发展了，有不少父母还煞费苦心地给孩子报各种各样的辅导班，如钢琴班、舞蹈班、英语班、跆拳道班、美术班等，目的是让孩子学到更多技能，但是却都忽视了对孩子的情商教育。

这种状况令人极为担忧。如果孩子学到了很多知识，但是他们的情商却很低，那么，想让孩子成才的父母很可能到最后会感到失望和追悔莫及。那么，父母们究竟应该从哪些方面加强对孩子的情商教育呢？

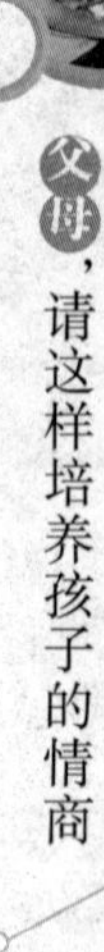

父母应该知道的

1.培养孩子对情绪的认知能力

父母在日常生活中要及时教孩子准确地识别各种情绪，还要让他们知道这些情绪产生的根本原因，同时还要让孩子注意观察周围人的情绪变化，并要求孩子用语言或者其他肢体动作来表达自己的见解。这样不仅有利于让孩子认识自己的 情绪，还能帮孩子建立良好的人际关系。

2.让孩子有意识地控制自己的情绪

父母应该指导孩子用一定的策略控制自己的情绪，采取科学有效的方法调控自己的情绪。在父母的帮助下，孩子会很快走出不良情绪的怪圈。例如，愤怒时可以找一个无人的地方喊出来，之后就会很轻松。否则，孩子就会因自控能力差而陷入不良情绪的漩涡。

3.让孩子养成自我激励的习惯

自我激励指的是人们为了达到自己的目标，而主动调控自己的情绪。自我激励可以让人更加高效快捷地解决问题。如果孩子能够养成自我激励的习惯，无疑会对以后的工作和生活带来很大的好处。

4.让孩子有意识地建立良好的人际关系

现代社会人际关系的重要性正在逐渐凸显，因此，在孩子很小的时候就应该让他接触更多的人和事物，让他独立处理和同龄人之间的一些小矛盾。时间一长，就能帮助孩子掌握处理人际关系的技能。

你的孩子情商有多高

王雨是一名小学四年级男生，他的爸爸是一名公务员，妈妈在一家外企担任高管，爷爷是国家离休老干部。王雨是家里的“小皇帝”，不管他有什么样的要求，家里人总是想尽办法满足他。即便如此，王雨还总是动不动就发脾气，慢慢养成了傲慢、霸道、无礼的性格。虽然他的学习成绩一直在班级里名列前茅，也经常参加各种文娱活动，可是同学们就是不喜欢跟他在一起玩，于是他倍感孤独。

其实，王雨也希望自己能够和其他同学成为好朋友，只是他不懂得如何去和别人沟通。即使偶尔有同学愿意跟他一起玩耍，不久之后，两个人也会在王雨霸道性格的影响下不欢而散。

如果父母们仔细观察一下周围，不难发现在我们的身边就有很多像王雨这样的孩子。也许那些父母的社会地位不及王雨的父母，但是他们却有一个共同点，那就是对孩子的娇惯。

他们一心想着如何开发孩子的智力，如何让孩子的学习成绩得到提高，可是却忽视了对孩子的情商教育。虽然有些孩子的学习成绩特别棒，他们也有很多让人叹为观止的才华，可是低情商却成了这些孩子成长道路上的最大障碍。

孩子情商低的表现主要有：缺少爱心、感情冷漠、做事专横、傲慢无礼、满嘴脏话、感情脆弱、抗挫能力很差、性格暴躁、极易愤怒、没

有集体意识、我行我素等，如果让这些现象毫无节制地发展下去，无论对个人、家庭还是社会，都将造成很大的危害。而现在青少年犯罪率逐渐上升的趋势，也与父母的教育方式不当有很大关系。

曾经有一家广播电台推出了一档名为《心中的宝贝》的谈话类栏目，在短短的两周内，就有一千多位父母纷纷打来热线，讲述了自己孩子出现的问题。他们迫切地希望教育专家能够给他们明确的指导。随着时间的流逝，人们发现越来越多的孩子在与他人交流、思维方式、为人处世方式上存在着严重的不足。

一位年轻的妈妈说，自己六岁的女儿非常任性，从来不听取别人的意见。有时候明知自己做错事了，还死不承认错误。只要妈妈批评她，她就会哇哇不停地哭泣。让人啼笑皆非的是，有一次，当这位年轻的妈妈批评做错事的女儿时，女儿竟然以离家出走相要挟。最后，这位年轻的妈妈不得不缴械投降。

另一位父亲说，由于工作原因，他把孩子送到了孩子的爷爷那里，平常自己会想尽办法多找一些时间去看望孩子，并且时常给孩子数额很大的零花钱。不过孩子似乎并不领情，他与父母的关系越来越疏远，并且还结交了一些行为怪异的朋友，放学后经常在外逗留。据老师说，这个男孩经常迟到、早退，他从来不主动回答老师在课堂上提出的问题，只要一上课就会犯困，可是下课铃一响，他就像被注射了兴奋剂一样，立刻生龙活虎、谈笑风生起来。

还有一位母亲说，为了更好地照顾儿子，她甚至把工作都辞掉了，一门心思相夫教子。可是她发现，自从儿子上了初二以后就很少和自己沟通。于是，她断定儿子一定是早恋了，为了找到迷惑儿子心灵的“罪魁祸首”，她开始悄悄地跟踪儿子。如果看到哪个女孩和儿子交往过密，她就会像程咬金一样立刻现身制止。不过，这样的做法招致了儿子更强烈的反感。

于是很多人忍不住要问，现在的生活越来越好了，为什么在这些孩子身上出现的问题越来越多呢？为什么这些孩子体会不到父母的良苦用心呢？很多教育学家和心理学家经过研究终于发现，问题的症结就是，在我们的教育理念中，忽略了对孩子的情商教育。长久以来，情商教育一直是一个教育的盲区。

随着现代社会的发展，很多父母为了给孩子创造一个舒适的生活环境而拼命地工作，他们认为，只要给孩子提供优越的物质生活，就代表了他们深深地爱着孩子。然而，他们却忘记了需要和孩子进行情感的交流，也忘记了需要教会孩子为人处世的智慧。等到问题出现时，父母才意识到自己的不足，可是这时候他们往往显得束手无策。

如果父母想要解决孩子成长中的种种问题，就必须强迫自己转变教育理念，重视孩子的情商教育。

父母应该知道的

你有没有关注过孩子的情商状况呢？你的孩子的情商是不是比同龄人低很多呢？那么请你关注以下几个问题。

1.孩子是不是经常发脾气

孩子如果从小养尊处优，没有学会尊重他人，就会养成任性、霸道、蛮不讲理的性格，动不动就乱发脾气。如果你的孩子也是这样，那么，就应该引起你的注意了。

2.孩子的抗挫能力强吗

很多父母会无条件地满足孩子的任何要求，他们以为这样就能够让孩子生活得很快乐，殊不知，这样做会导致更大的隐患。父母的所作所为让孩子认为，只要是自己想要的东西都可以轻而易举地得到，他们很少体会到挫折的滋味。一旦走进校园和社会，遭遇拒绝和挫折在所难免，他们就会立刻发现并不是所有的事情都像自己想象的那样。一旦出现了这种情况，孩子就会显得惊慌失措，并陷入焦虑、烦躁不安的情绪当中。你的孩子是不是也有这种表现呢？如果是的话，那就尝试着与孩子交流，看一看他会怎样处理这些问题吧。

3.孩子有多少朋友

和成人一样，孩子也需要友情的滋润才不会感到孤独。可是有很多孩子在学校中的朋友很少，沉默寡言，不愿意与人沟通交流。你是不是发现孩子很少谈及自己的朋友呢？他的朋友是不是很少呢？他是不是越来越不爱说话呢？

4.孩子是不是很自卑

每个人都有自卑心理，这很正常。但是如果过于自卑就会影响正常的生活。很多孩子不敢回答老师提出的问题，也很少主动参加学校组织的各项集体活动。当家里来客人的时候，他们会悄悄地躲到一个小角落里，或是干脆出门逃避。其实，产生这种现象的最根本的原因就是孩子的自卑心理。你的孩子有没有这种表现呢?

如果你的孩子也出现了诸如上述的这些问题，那就证明孩子的情商教育已经出现了严重的不足，一定要给予足够的重视。这种情况不容乐观，你要主动寻找切实可行的方法，结合孩子出现的问题，有针对性地对孩子进行情商教育。

让自己成为高情商的父母

人们常说虎父无犬子，说的是有什么样的父母就会有什么样的孩子。这句话还是有一定道理的。哈佛大学心理学博士丹尼尔·戈尔曼曾说：“家庭是孩子的第一所学校，也是对孩子进行情商教育的第一课堂。高情商的父母才可以培养出高情商的孩子。”

父母教会孩子说话、吃饭、走路、表达感情，因此，父母是孩子的第一任教师。父母的言行无时无刻不在深深地影响着孩子。当孩子还没有辨别是非对错的能力时，他们会把父母的好恶当做评判是非的标准，并且有意识地模仿父母的言行，以得到父母的欢心。如果父母的情商不高，势必会影响孩子的成长。父母是否能够以身作则，从情绪、情感、品德、意志、兴趣和人际交往等方面给孩子明确的指导和教育，能否营造和谐温馨的家庭气氛等，都会对孩子的情商发展产生极为重大的影响。

曾经有一对父母坚信“棍棒出孝子”的“至理名言”，经常对孩子实施家庭暴力。孩子每次犯错，都会惹来父亲的一顿毒打，因此孩子总是生活在恐惧之中，他小心翼翼地度过了自己的少年时光，因为他知道自己一不小心就会招来父亲的不满。父母的教育方法果然取得了一定的成果，孩子的学习成绩一直名列前茅，后来他还成为一所名牌大学的博士。他的父母逢人就夸自己的孩子有出息。后来，虽然这位博士取得了事业上的辉煌成就，但是他的生活却一点也不幸福。他的脾气像他父亲一样古怪，经常对自己的妻子施加暴力，虽然他也很爱自己的妻子，但是他真的无法控制自己的情绪。他的生活里没有阳光，也没有快乐和幸福。

仅仅一墙之隔的邻居男孩，在读书时学习成绩总落在那位高材生的后面，也没有考上大学，可是这个男孩的父母情商都很高，从没有厉声骂过他，更别说动用武力了。因此男孩很早就明白，自己的父母是深深地爱着自己的。每当男孩犯错时，他的父母总会耐心地引导他、理解他，给他以无微不至的关怀。当然，他的父母也不会让他放任自流，会对他进行适当的约束。在父母的影响下，这个孩子也成为一个高情商的人。等到成年后，他能妥善地处理好家庭成员之间的关系，他一直都生活得很幸福。

父母们必须明白，拳头并不能解决所有问题。也许这种做法能让孩子表面屈服于你，但是却不能让他心服口服。长此以往，必然导致矛盾的加深，不利于建立良好的家庭关系。当你把拳头砸向孩子的时候，同时也砸碎了你在他心中的美好形象。他会深深地记住“父母是蛮不讲理的人”，所以在日后的生活中，即使他们遇到了一些困惑，也不会向父母寻求帮助，而是转向其他人。这时候，孩子往往就会走弯路，严重的时候还会误入歧途。当然，如果坐视不理，任孩子放任自流，也是一种错误的做法。所以当遇到问题时，父母应该用理智的大脑控制好情绪，尽快摆脱消极情绪，同时帮助孩子解决问题。

父母应该知道的

事实证明，高情商的父母才能培养出高情商的孩子。那么，如何让自己成为高情商的父母呢？不妨从以下几个方面做起：

1.以身作则，为孩子树立榜样

家庭是孩子的第一所学校，父母是孩子的启蒙教师。父母的一言一行、一举一动都会给孩子造成深刻的影响。因此，父母必须时刻提醒自己为孩子树立一个做人的榜样，要求孩子做到的事情自己必须做到。而自己不想做的事情，也不能强迫孩子去做，正所谓“己所不欲，勿施于人”。

当要求孩子不能撒谎的时候，自己也不能食言。很多父母在孩子哭闹的时候会轻易地给出很多承诺，让孩子暂时安静下来。但事情过后，父母早已经把承诺抛在了脑后，可是孩子却把父母的承诺深深地记在了心里。这时如果父母不及时地兑现承诺，就会让自己陷入信任危机。孩子会想，既然爸爸妈妈都经常撒谎，他们凭什么要求我做一个诚实守信的孩子呢。

不难看出，如果父母的形象在孩子的心中受损，那么，在以后的家庭教育中将会面临更大的困难，家庭教育的效果也会随之大打折扣。因此不管是在哪方面，父母首先要以身作则，成为孩子的榜样，这样才有利于打造高情商的孩子。

2.控制好自己的情绪，让孩子在潜移默化中成熟起来

有人说快乐是可以传染的，从这句话我们就可以看出情绪的巨大威力。孩子的情绪会受到父母的影响，这是毋庸置疑的。所以父母应该时时刻刻保持积极向上的乐观心态，用豁达的心胸、诚信、友善的态度待人接物。父母要学会控制自己的不良情绪，即使非常愤怒时也不能恶语相加，更不能动手打人，要让孩子知道你的情绪现状，并找到一个科学合理的排解方法。一旦父母出现了语言、情绪失控的情况，向孩子发了脾气，一定要在事态平息后向孩子道歉。此外，父母遇到困难时也不能轻易地放弃，要以自己坚持不懈的毅力和勇往直前的勇气征服坎坷。这样孩子才会具有活泼、大方、乐观、坚韧不拔的性格特点。

小明的爸爸很在意小明的学习成绩，每天都会板着面孔询问小明在校的学习情况。小明吃完饭后唯一的生活就是继续趴在自己的书桌前做习题。不管他怎么努力，爸爸对他的表现始终不满意。每当小明从学校拿回考试成绩单时，爸爸都会象征性地看上一眼，即使小明的成绩进步了，爸爸还是会找出诸如进步太小之类的话来作为发泄自己不满情绪的借口。小明在爸爸不良情绪的影响下，逐渐变得易怒。终于有一天，在爸爸又给了他严厉的打骂后，他的愤怒爆发了。他把卧室里的物品当做发泄对象，在很短的时间内毁坏了很多物品。在以后的很长一段时间内，小明都经常故意摔坏东西，而且变得沉默寡言，只是一味地发泄自己的不满。为此，他的父母很苦恼，直到有一天爸爸妈妈带着他去看心理医生，他才说出了缘由。

此外，当孩子有了恐惧、抑郁、悲观失望的情绪时，父母千万不可懈怠，一定要及时主动地帮助孩子排解这种情绪，还要明确地指出应该用哪些切实可行的方法解决问题，而不是放任自流。这样一来孩子就会很快掌握控制情绪的要领了。

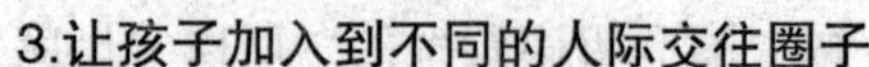

3.让孩子加入到不同的人际交往圈子

当邀请朋友到家里做客时，要介绍给孩子认识，然后让孩子参与到接待客人的活动中。当父母出席一些可以携带家属的聚会时，不妨带上孩子，让孩子接触到各种各样的人，并让他逐渐学习与不同的人交往的本领。乘车、购物、逛公园时，可以让孩子去付费。

小雨今年刚刚四岁，有一次竟然在家里大模大样地学起了公交车售票员的服务语言。他的爸爸妈妈听到后，感到非常惊奇，因为平时都是爸爸开车送孩子去幼儿园，孩子坐公交车的机会非常少，这时父母才发现孩子的自主学习能力非常强。后来，当他们再去买东西的时候就让孩子去付款，上街时让孩子学着问路。后来他们发现，孩子的自信心越来越强，有时就像一个“小大人”。

4. 带领孩子参加各种各样的同龄人聚会

父母千万不要小看集体活动的力量，在集体活动中，孩子会与其他伙伴相互商讨、协作，完成一个共同的目标。在这个过程中，他们会学到怎样与他人和谐相处，同时也会增强团体意识。因此，父母要多带领孩子参加各种各样的同龄人聚会。父母要鼓励孩子邀请朋友到家里来做客，同时也要鼓励孩子到朋友家去玩。在孩子与朋友的交往过程中，父母要培养他们严于律己、宽以待人，诚实守信、相互尊重的品德。

5.做生活中的有心人，及时和孩子进行沟通

父母在日常生活中要注意观察孩子的情绪变化，及时和孩子进行沟通。对于孩子的合理要求，父母要尽量满足。当孩子提出一些父母能力之外的要求时，父母要明确地告诉孩子，哪些能够做到，哪些做不到，并且说明理由。切记不能溺爱孩子。

6.要对孩子进行一定的约束

每个人都是有惰性的，这无可厚非。不过，要想让孩子养成良好的行为习惯，就须对孩子进行必要的、合理有效的约束，须知“不经一番寒彻骨，怎得梅花扑鼻香”。当孩子真正走入社会后，还要受到种种约束，因此应该让他（她）从小明白遵守社会规则的重要性。

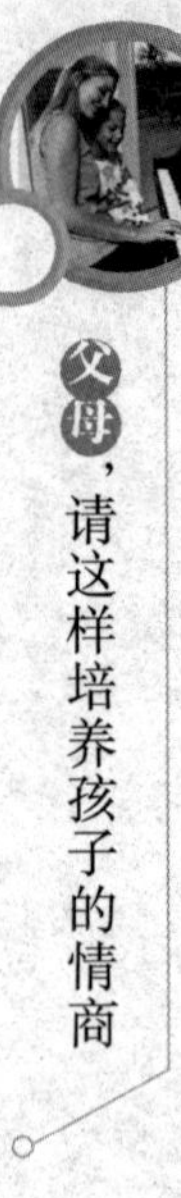

最常见的情商教育误区

谁也不敢说自己是一个教育高手。有很多人事业成功、名利双收，看上去春风得意，被耀眼的光环环绕着，可是他们的生活并不幸福，而且像很多父母一样，在面对孩子的教育问题上显得有些茫然。

人贵有自知之明。其实每一位父母都应该进行这样的反思：孩子已经出现了这么多的问题，我的教育方法需要进行怎样的调整？接下来我应该怎么办？

一头五颜六色的长发，银光闪闪的耳钉，加上浑身上下叮当作响的配饰，这就是小海，一个刚刚16岁的男孩。本来他应该像其他同龄人那样坐在高中的课堂上，向自己梦寐以求的大学冲击，可是如今小海却已经辍学在家。初中时，说谎、打架、逛网吧都是小海的“必修课”，在初二时曾一度面临留级的尴尬。终于在初中毕业后，小海不堪忍受学校生活的重压，他辍学了，于是渐渐地就变成了现在的模样。父母看到小海的变化也非常着急，但是他们又不知道该怎么做。

小时候的小海聪明伶俐，深得大家的喜爱。刚入学的时候，虽然他的成绩不是特别好，但是也不至于滑落到倒数的名次。可是不知道为什么，从小学三年级开始，他的成绩开始下滑。他对学习逐渐失去了兴趣，而且经常和同学打架，总是欺负那些体格弱小的同学。上初中后，他从来不把学习放在心上，开始频繁地逃学。等到初二时就被分到了差班，从此以后更谈不上学习的兴趣了。他开始沉迷于网吧，不停地向父母要钱，如果父母不给钱，他就恐吓年龄小的孩子，逼他们拿出自己的零用钱。他甚至去偷窃，有一次他竟然把爸爸收藏了几十年的邮票拿去卖掉。

事情到了现在这个地步，也不能完全怪孩子，问题的关键还是在于小海父母的教育方法存在误区。以前，每当父母发现小海犯错时，他们从来不问事情发生的原因，只是不问青红皂白地来一番滔滔不绝的说教，也不顾及小海的感受。这样一来，非但没有达到教育小海的目的，反而招来他严重的不满。如果责备不管用，小海的爸爸就会对孩子拳脚相加。于是，小海就逐渐地变成了现在这种玩世不恭的态度。

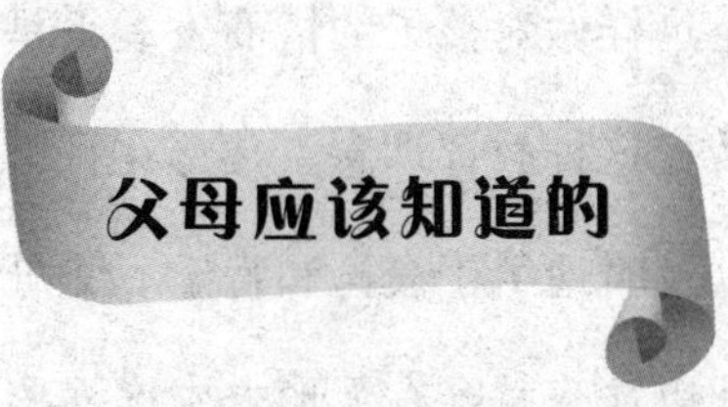

选择比努力更重要，方向比速度更快捷。只有运用正确的情商教育方式，才能收到预期效果。否则，非但达不到教育的目的，反而会背道而驰，让孩子的情况更加令人担忧。目前，我国家庭对孩子的情商教育主要存在以下几大误区：

1.包办式家庭教育

爱子心切，人之常情。可是现在有很多父母的做法却让人不敢恭维。父母应该在孩子还小时就注意培养孩子独立自主的性格，可是目前包办式的家庭教育仍然非常普遍。通常情况下，全家人都会以孩子为中

心，给予孩子无微不至的关怀。这些父母都很敏感，每天提心吊胆地就怕孩子出现意外情况。如果孩子不小心摔了跤，碰到了膝盖，母亲就会连忙走上前去不停地安慰。更有甚者，孩子还没有流泪，家长倒先热泪盈眶了。其实，当父母这样做的时候，会给孩子一种“我很柔弱”的心理暗示，非常不利于孩子的成长。不过最常见的误区还是家长式的专制教育模式，比如经常命令孩子“应该这样”、“应该那样”、“不许这么做”、“不能有这样的想法”，等等。表面上看起来这都是为了孩子好，但实际上却在无形之中剥夺了孩子的自我创新、自由想象和动手实践的能力。在这样的包办下，孩子的性格很容易被扭曲。

2.吝啬鼓励，经常打骂

有的父母认为，如果给予孩子过多的鼓励会让孩子变得骄傲起来，因此有些父母很少甚至没有鼓励过孩子。这样做对孩子的情商发展很是不利。要想提高孩子的情商，必须马上转变这种教育理念。父母在日常生活中要努力发现孩子身上的闪光点，并及时地给予表扬和肯定。父母要在一定范围之内放大孩子的长处，长此以往，就会在无形之中增强孩子的自信心，让他们形成乐观、开朗的性格。

3.重智商，轻情商

智商和情商就像一对兄妹，“哥哥”智商获得父母们的青睐，为了开发孩子的智商，父母们挖空了心思。而“妹妹”情商则被父母们打入冷宫，终日悲悲切切，无人问津。

所有的父母都是望子成龙，望女成凤。但有的父母只一心想着如何才能让孩子变得更加聪明，如何让孩子的学习成绩节节高升，如何让孩子考上理想的学校，可是却忽视了对孩子心灵的培养。如果一味地这样下去，势必会给孩子造成严重的伤害。即使孩子成了一个头脑特别聪明的人，也会因没有正确的价值观、人生观而导致在前进的道路上走尽弯路，甚至还会走上犯罪的道路。他们也永远不会有发自内心的幸福感和快乐感，而会逐渐变得傲慢、焦虑 、任性 。

所以父母在关心孩子的智力开发的时候，也不要忘记关心孩子的情商，孩子的抗挫能力、团体意识、人生观、价值观、竞争能力、人际交往能力等，也应该引起父母的足够重视。当孩子的智商和情商全面发展时，才能让孩子获得真正的幸福。

4.父母不能客观地看待孩子的情商

很多父母往往不能客观地评价孩子的情商状况，他们总以为孩子太小不能理解大人的情感，事实上，孩子的情感思维能力也在迅速地发展。我们有时可以听到孩子说“爸爸抽烟、喝酒不对，对身体不好”、“妈妈的衣服不漂亮”、“人家的妈妈晚上看书，你只看电视”，等等，所以父母应该及时培养和开发孩子的情感思维能力。孩子之所以提出这些疑问，就是因为他们的情商很高，对此父母们千万不可抹杀。

第二章

加强情绪管理，教孩子做自己情绪的主人

很多孩子非常情绪化，喜怒无常，经常被一些鸡毛蒜皮的小事弄得消沉低落，还有一些孩子脾气暴躁、很容易冲动。这些情绪对孩子的身心健康都会造成不良影响。

在本章中，我们将告诉您怎么做才能让孩子告别不良情绪的困扰，让孩子变得开朗乐观起来，让他主宰自己的情绪，做自己情绪的主人。

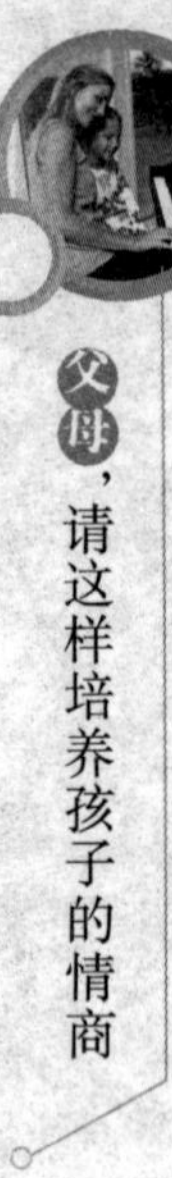

你的孩子是不是非常情绪化

小玲是班里的学习委员，她是一个很要强的女孩。不过她很在意别人对自己的看法，经常为一些鸡毛蒜皮的小事而闷闷不乐。有一段时间，老师总是找小玲帮忙解决一些问题，那时虽然很累，但是她觉得老师很看重自己，因此也很高兴。可是有一天，老师找别的同学做事了，她的心情忽然变得郁闷起来。朋友无意间说的一句话也会让她情绪低落好几天。好不容易有一天自己心情不错，可是偏偏有人告诉她老师已经决定联欢晚会的主持人是班长而不是她，于是她又闷闷不乐了。

无独有偶，赵女士是一家公司的高管，按理说正是春风得意的时期。可是她总是快乐不起来，原来这都是因为她的那个宝贝儿子的原因。

赵女士的儿子小明已经是一名初一学生了，可是这个男孩却总是爱哭鼻子，而且无法与同学和睦相处，总是因为一些鸡毛蒜皮的事情和同学大动干戈。赵女士说她为这个孩子已经伤透了脑筋。小明从来不会听取父母的意见。如果是自己不想做的事情，任凭父母磨破嘴皮他也无动于衷；而假如是自己喜欢的事情，也不管父母怎样阻挠，他都会一意孤行。上个月，小明突然说自己要学钢琴，让妈妈给自己买一架钢琴。买钢琴需要的钱并不是一笔小数目，赵女士怕小明只是一时好奇，所以没有答应他。可是，小明却大发脾气，不停地哭闹，最后甩门而出。赵女士心想至于这样吗？她觉得儿子越来越离谱了。

不过，小明也有高兴的时候。只要他遇到一丁点觉得高兴的事情，就会立刻手舞足蹈起来。如果这时忽然有谁说了一句让他不高兴的话，他的情绪又会以迅雷不及掩耳之势转变，那个活蹦乱跳的小明就好像一下子从人间蒸发了，他开始疯狂地摔打东西，或者嚎啕大哭。如果这些举动被不明就里的陌生人看到了，一定会把他当做精神失常的病人。

在学习上，小明也是任意而为。他偏科的程度非常严重。他喜欢语文，于是就买了很多课外读物看；不喜欢数学，就把数学课本放在书桌最底层，甚至连数学作业也不做，任凭老师和父母怎么苦口婆心地劝导，就是不起任何作用。小明的举动让赵女士很烦恼，她不知道问题究竟出在哪里。为什么儿子的情绪比女孩的情绪波动还要大呢？有时小明还会莫名其妙地一言不发，把自己反锁在卧室里。赵女士怕他有什么心事，就问他具体情况，而这时他往往会表现得很不耐烦。

为什么会出现这样的情况呢？小玲总是莫名其妙地悲伤，而小明过激的情绪变化会让人误以为他的健康出现了问题。这是因为他们已经到了青春期？还是他们的心理确实出现了一些不可忽视的问题呢？

曾经有人做过一项调查发现，很多中学生都存在着不同程度的情绪失控问题。据说，在情绪和行为举止上存在问题的中学生竟然高达15%，而其中5%的中学生还存在着敌对、攻击行为。调查组在调查了全国22个省市青少年的心理健康状况时，得出了一个很严峻的数字：我国竟然有300多万青少年的心理处于亚健康状态。据说这只是个保守数字，而存在心理问题的孩子数量可能要远远大于这个数目。孩子的心理健康状况已经是一个不可回避的话题。

现在，很多孩子变得越来越情绪化，他们往往以自我为中心，认为所有的一切都是为他而存在的，所有人都应该理所当然地为他服务。一旦遇到拒绝或其他不顺心的事情，就感觉自己受到了莫大的羞辱。这时他们会大发雷霆，吵骂、摔东西、聚众斗殴，严重的还会在情绪失控的状态下做出触犯法律的事情。这样的现象屡见不鲜。近年来，媒体报道的由于青少年情绪失控而导致的犯罪行为越来越多。

毫不夸张地说，很多孩子已经成了情绪的“俘虏”，他们已经迷失了最初的自己，这无疑给孩子的发展造成了极大的危害。为了让孩子健康茁壮地成长，父母们从今天起要关注孩子的情绪变化，让孩子学会控制自己的情绪。

父母应该知道的

现实生活中，有很多人与改变命运的机遇撞了个满怀，但是却没有好好地把握住机遇。其实并不是因为他们技不如人，而是他们不能控制好自己的情绪，造成了很多无可挽回的损失，因此而追悔莫及。所以父母要让孩子从小养成控制自我情绪、理性支配自身行为的习惯。当然，培养孩子的这种能力需要一个循序渐进的过程，要从约束孩子的外在行为开始，逐渐转化为孩子自觉地控制情绪的能力。

不过，在培养孩子的自控能力时，切忌不可使用强硬手段，否则就会引起孩子强烈的逆反心理，这样一来不仅得不到预料中的收获，甚至还可能会导致事态更加严重。

那么，在培养孩子自控能力的道路上，又有哪些行之有效的方法呢？

1.自觉性是良好的自控能力的基础

任何事情都不可能一蹴而就，要有一个循序渐进的过程。培养孩子的自控能力同样如此，切不可操之过急。自觉性是孩子自控能力的基础。只有将孩子做事的自觉性、恒心、毅力这三者有机结合起来，才能最大限度地开发孩子的自我控制能力。首先，父母要让孩子自觉、独立地完成自己想做的事情，父母在这个过程中不应该干预过多，从而逐渐引导孩子树立起自控的意志，并让这一行为长期地坚持下去。父母应引导孩子在处理事情的过程中克服遇到的种种困难，抵制诱惑。长此以往，孩子就会自然而然地形成一种比较稳定的品质。

2.让孩子进行自我评判

每个人都要对自己的所作所为负责，没有谁会为你的过错买单。同时，人们又需要进行自我肯定和来自他人的肯定。年幼无知的孩子评判事物好坏的标准就是父母的好恶，因此父母要引导孩子管理自己的言行，并让他们学会怎样进行自我肯定和分辨是非黑白，这样一来就会在无形之中增强孩子的自信，从而更加乐观、开朗地生活下去。另一方面，孩子也会知道哪些事情是应该做的，哪些事情是禁止做的。他们会逐渐地体会到是非之间的差别，并且不断增强自己甄别的能力。平时要引导孩子正确地划分自己的生活空间，养成按时作息的习惯，还要主动做家务。日久天长，孩子的自我评判能力就会告诉他们“我能行”，他们也会因此而更加独立。

4岁的小轩已经是一个幼儿园中班的孩子了。父母刚把他送进幼儿园时，小轩和其他孩子一样也是不停地哭闹。但是父母还是狠下心来把他留在幼儿园了。原以为过一段时间就好了，可是没想到又出现了新的问题。据老师说，小轩在幼儿园里总喜欢一个人坐在小角落，不喜欢和其他的小朋友一起做游戏。当他和别的小朋友接触的时候，有很明显的紧张和焦灼感。这时小轩的父母才意识到问题的严重性，他们发现小轩很不自信。因此，他们准备首先帮助孩子找回自信。在饭后，他们经常问小轩的爱好，并让小轩把自己最喜爱的东西展示出来。每当小轩展示完毕，夫妻俩总会对孩子大加赞赏。慢慢地，小轩变得开朗起来，他发现自己擅长很多东西。小轩在小朋友面前也变得更加自信了。

3.无规矩，不成方圆

无论何时何地，我们每个人都要受到一定的约束。这个世界上没有绝对的自由，因此从小就要培养孩子的规则意识，控制好自己的言行。当然，这并不是说要抹杀孩子的创造性。父母可以制订一些行为准则，例如，如何搞好个人卫生、规律的作息习惯、规律的饮食习惯，等等，对孩子的言行进行指导。当然，需要注意的是制订的规则不能太详细，不然就会束缚孩子的创造性。事实证明，很多中规中矩的孩子都很平庸。

4.冰冻三尺，非一日之寒

年幼的孩子总会因缺乏自控能力做出一些“出格”的事情，这时作为一个成年人一定要稳定情绪。父母要用最有效的方法让孩子心服口服，切不可意气用事，冲孩子大发脾气。如果孩子不能及时认错，那父母就要反思是不是处理方法有误，事实上，只要父母能够平心静气地和孩子交流，便能解决很多问题。孩子的一些坏习惯会在父母真诚的建议下逐渐改掉。培养孩子的自控能力是一个长期的过程，孩子的行为有可能出现反复，这就需要父母有足够的耐心和自制力。

5.润物细无声的肢体语言

很多事情都有一定的前兆。当父母发现孩子将要或正在做错误的事情时，一定要及时制止，防患于未然。这时父母可以用自己的肢体语言，告诉孩子那件事情是错误的。这样既保护了孩子的自尊心，又拉近了父母和孩子之间的关系。父母可以利用眼神、表情、动作等，表达自己的赞同、反对、喜爱和厌恶。事实证明，这种方法比语言更有效。

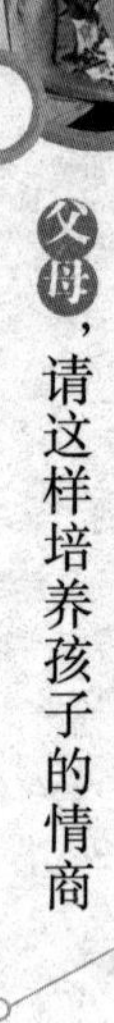

让孩子了解自己的情绪

外界事物会给人造成不同程度的刺激，这时人们会根据事物的特点和自身情况做出一系列的心理活动，这就是我们通常说的情绪。所以说，情绪产生的来源就是外界事物对人体的刺激。

情绪又分为消极情绪和积极情绪两大类。消极情绪又被称为不良情绪，包括忽然产生的过于强烈的情绪和持久性的消极情绪。不管是哪一种不良情绪，都会给人的身心健康造成极大的危害。

日常生活中，有很多事符合人们的需求，人们就会对之加以肯定，这时就会有诸如满足、快乐、愉快、适度兴奋、喜爱等心理感受。而另外一些事则会引起人们的反感，于是人们就会产生很多消极情绪，诸如焦虑、悲观失望、恐惧、愤怒、抑郁等不良情绪。

对于年幼的孩子，他们的消极情绪通常有抑郁、恐惧、悲伤、嫉妒、犹豫、情感淡漠、情绪低落、情绪不稳定等。这些消极的情绪会给孩子的成长带来很大伤害。近年来，神经衰弱有向低龄化发展的趋势，长期处在悲伤、失望、恐惧的情绪下生活的孩子，他们的肾上腺素的分泌量会增加，从而引发身体疾病。另外，他们容易发脾气，不能与人建立良好的人际关系。有的孩子还会厌学，无法集中注意力听讲，从而导致学习成绩下降，严重时会没有丝毫的学习兴趣。

李老师的儿子今年8岁了，这个小家伙非常调皮。一天晚上，李老师正在认真备课，可是儿子总是在她的周围转来转去，搞得她心烦意乱。后来，孩子干脆把mp3扔到了水里，希望借此引起妈妈的注意。不明白儿子需求的李老师怒火中烧，狠狠地批评了儿子。

看着妈妈怒气冲冲的脸，儿子感到非常害怕，他回到自己的小床上睡觉了。等到李老师备课结束时已经是深夜了，她来到儿子的小床边，可是儿子却突然大喊了一声："妈妈，我不敢了！"原来小家伙做噩梦了。第二天醒来的时候，儿子好像已经把昨天晚上的事情忘得一干二净了。不过他却一直叫嚷着肚子疼。

李老师忽然有一种很愧疚的感觉，因为自己的怒斥，使得儿子在恐惧中入睡，半夜还做噩梦，现在又引起肚子疼。她没有想到，自己在不经意间深深地伤害了儿子。

孩子的情绪不仅对他们的身体产生巨大的影响，甚至还可能会改变孩子的人生航向。每年在中考或高考的考场上都会有很多因为紧张而导致昏倒的学生，其中不乏那些平时学习成绩比较突出的孩子。这些孩子经过了无数个日日夜夜的付出，眼看就要进入更高一级的学府继续深造了，可偏偏这个时候他们由于情绪紧张而导致意外发生，这不由得让人感到十分惋惜。

父母应该知道的

情绪对孩子有着十分深远的影响。积极的情绪有利于孩子更好地发挥自己的潜能，而消极的情绪则会给孩子的生活带来严重的不良影响，所以父母要让孩子试着了解自己的情绪。下面几种方法可供大家参考：

1.让孩子对自己的情绪类型有一个明确的认识

人的情绪有悲观和乐观之分。如果一个乐观的人在追求梦想的道路上遇到了挫折，他们不会被眼前的挫折压倒，而是坚信一定会取得成功。而悲观的人则会消极沉沦，提不起半点奋斗的勇气，他们的眼光只放在不利条件上。

只要父母利用一个小小的道具，就可以轻而易举地看出孩子的情绪类型。在桌子上放一个装了半杯水的玻璃杯。乐观的孩子看到的是杯子的一半已经被装满，而悲观的孩子看到的是这只杯子还有一半是空的。另外，在生活中，当孩子表现出不同的情绪时，父母可以做一些指导，告诉他们现在的情绪是好还是坏。当孩子表现出积极的情绪时，父母要及时加以肯定，这样一来孩子对自我的情绪类型就会有一个完整的认识。

2.知己知彼，让孩子把握自己的情绪周期

和成年人一样，孩子的情绪也有一个大致的周期。在情绪高峰期，孩子会感到心情舒畅，做任何事情都得心应手。即使遇到了不顺心的事情，他们也不会特别在意。这时无论是睡眠质量还是体内的新陈代谢都处在一个最佳状态。可是一旦孩子进入情绪的低落期，表现就大相径庭了。孩子会无缘无故地感到焦虑不安、忧伤、恐惧等，他们对外界事物会特别敏感，别人无心说的一句话就有可能给他带来持久的伤害。当孩子的情绪处在高峰和低谷之间时，他们的情绪会比较稳定，不会有大的波动，处理问题时虽不像高峰期那样高效、快捷，但也不会像情绪低谷期那样一筹莫展。

情绪周期在童年时期开始逐渐成形，因此父母要在此时帮助孩子了解自己的情绪周期。当孩子的情绪发生变化时，父母要及时地提醒孩子注意自己的情绪变化，并让孩子有意识地调节自己的情绪，尽可能减少消极情绪出现的频率。要让孩子在长期的反复实践中建立一个良好的情绪周期。

3.不可不防的焦虑

焦虑是在孩子身上经常出现的消极情绪。当孩子受到别人对自己身体的威胁、对自尊的威胁，或是面临超负荷的学习压力时，他们说话的声音就会颤抖，或做出一些不可思议的举动以及不停地出汗等。

焦虑会让孩子的身心受到很大伤害，因此当焦虑出现时，父母应该查明原因，并给予及时的引导。父母要告诉孩子有些目标根本不可能在短期内实现，因此不要太过自责，不要给自己施加过大的压力。还要告诉他们焦虑有可能导致的不良后果。不仅如此，父母还要找一些切实可行的办法帮助孩子消除焦虑。

4.别让抑郁靠近孩子

生活中，一旦人们遇到重大挫折，很可能会产生抑郁情绪，孩子也是如此。当孩子产生抑郁情绪时就会沉默寡言，对人冷漠，对一切事物都没有兴趣，找不到生活的希望。如果你的孩子出现了情绪低落、厌食、失眠等抑郁倾向时，一定要及时告诉孩子这些情绪的危害，让孩子尽快走出情绪的低谷。

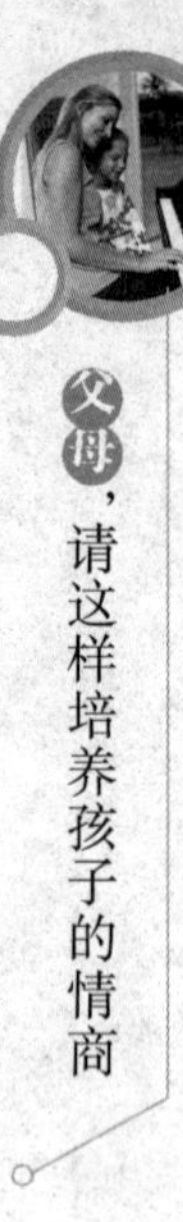

不良情绪对孩子的危害

一天下午，雯雯的班主任做家访，因为最近一个星期雯雯上课的时候总是心不在焉的。而以前她总是很积极地回答老师的问题，每次考试她都在年级的前几名。雯雯的突然转变引起了老师的注意，于是放学后就跟随雯雯回家，希望能找到问题的根源。

不久，雯雯的妈妈下班回家了。当老师说出了自己心中的疑惑之后，雯雯的妈妈竟然忍不住掉下眼泪来。妈妈说："雯雯非常想进重点中学读初中，因为那所学校的师资力量比较强，雯雯从春节前就开始着手准备了。因为想进那所学校的人太多，竞争十分激烈，因此半年来雯雯几乎牺牲掉了所有的休息日。当其他同学在周末跟着爸爸妈妈外出游玩的时候，她还在坚持学习。其实，以雯雯的成绩进入那所学校绝对不成问题，可是雯雯是个很要强的孩子，她希望自己能以最优异的成绩被录取。"雯雯的妈妈喝了一口水后接着说："这都怨我，我竟然忘了给雯雯报名，等我满头大汗地跑到那所学校的时候，招生办的老师告诉我，报名已经结束两天了。"

妈妈又看了雯雯一眼："这不，都快一个星期了，这孩子都没有和我说过几句话，也没有正经吃过几口饭，每天从学校回来后都径直回到自己的房间，总是一个人小声地哭泣。她的脸色也越来越难看，我真不知道该怎么办了。"

生活中像雯雯这样的孩子有很多。孩子还处在发育时期，他们的情绪容易波动，很容易受到不良情绪的危害。尤其是当他们梦寐以求的事情化为泡影的时候，他们的情绪会一落千丈，甚至消极颓废。而对于孩子而言，最为常见的影响其情绪的因素就是升学考试。无论是中考还是高考，都会让孩子产生一种等待被命运宣判的忐忑。在他们考试结束后，往往没有想象中的那样轻松，因为他们不知道等待自己的究竟是什么样的结局。

有些孩子在煎熬中终于等来了自己的录取通知书，这些人是幸运的，他们的生活瞬间一片光明，他们变得更加快乐。可是还有一些孩子却等来了落榜的消息，于是乎整个世界天昏地暗，猛然间就跌到了情绪的低谷。他们变得闷闷不乐、郁郁寡欢，你再也无法从他们的脸上找到阳光和开心，更有甚者，因为无法承受落榜的打击，觉得没有脸面再见自己的家人、朋友和老师，因此变得消沉抑郁，或从此不思进取。

这样的孩子不在少数。但是这样的情绪对孩子今后的成长显然是不利的。失意总会有，且一时的失意不足以影响到一个人的命运，但是如果因失意而就此消沉，则可能会毁掉以后的人生。所以，面对孩子的诸多消极情绪，父母们必须予以重视，并积极引导其向积极的方向转变。

父母应该知道的

积极向上的情绪有利于孩子身心的健康发展，可以激发孩子的潜能。而消极的情绪有可能造成孩子心理失衡，甚至影响孩子性格的发展。具体来说，消极情绪对孩子有哪些危害呢？父母们一定要先了解一下，以便于更好地帮助孩子调节情绪。

1.不良情绪导致孩子身体不适

很多人都知道“七情六欲”这个词，但是未必有人能够知道这“七情”到底指的是什么。我国传统医学认为，人的七情指的是喜、怒、忧、思、悲、恐、惊七种情绪，喜伤心，怒伤肝，忧伤肺，思伤脾，恐伤肾。也就是说，人的五脏会在这几种情绪的影响下发生病变。

当然，一般情况下，这些情绪不会对孩子的身体健康有太大的影响。但当孩子突然受到某种情绪的强烈攻击，或是长时间沉浸在某种情绪内，就会造成身体的不适。在不良情绪的影响下，很多疾病也会随之而来。

2.不良情绪影响孩子的生活质量

任何事物都要保持在一定的范围之内，否则就会引起不良变化。如果孩子长期处在不良情绪的影响下，而且找不到科学有效的方法排解，那么将会给他的心理健康造成很严重的负面影响。我们经常会见到很多内心悲观失望、对外界事物没有好奇心的孩子，他们对自己的生活失去了应有的信心，开始怀疑自己生存的价值。另一方面，他们不知道该如何与别人进行沟通，更严重的会造成抑郁症，甚至有可能走上自杀的道路。

3.不良情绪是污染人际关系的毒药

人们常说微笑是会传染的。同样道理，不良情绪也是会传染的。

有一天，小强放学回家的时候，脸上的表情特别难看，妈妈跟他说话，他也爱答不理的。这让妈妈感到很不开心。

在妈妈的再三追问下，小强才说出了事情的缘由。原来班长上学前和他的妈妈怄气了，到学校的时候，就把火气撒在同学身上。他利用自己的班长身份无端生事，上自习课的时候他总是没事找事，禁止任何人说话，即使同桌之间商讨问题也不行。所以今天班里的气氛非常不好，小强说自己今天在学校里简直度日如年。

因为班长在和妈妈怄气，所以他的情绪很不好。可是他又把这样的情绪带到了班集体里，让其他同学的情绪也随之低落。因此，小强放学回家的时候才一副愁眉苦脸的样子。通过这个事例我们可以知道，不良情绪会把快乐和幸福赶跑，还会影响周围人的情绪，导致人际关系恶化。如果孩子长期生活在这种环境下，就会导致人格扭曲。

4.长期的不良情绪可能导致孩子患上精神疾病

事物之间是相互联系的，如果不能及时调控人的不良情绪，任其自由发展，那么就会出现更严重的现象，有可能引发某些精神疾病，例如抑郁症、强迫症、疑病症等。这将给孩子带来深远的痛苦。

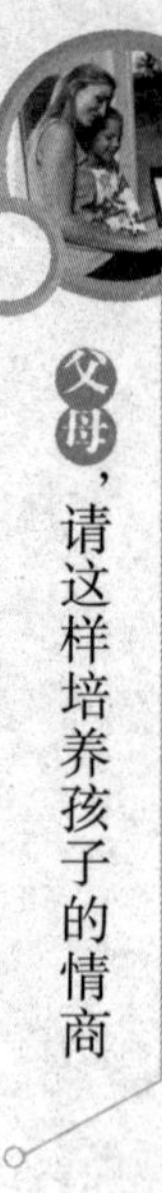

如何面对容易冲动的孩子

容易冲动的孩子通常很敏感，同时也有很强的占有欲，有时候，别人不经意的言论就有可能引起这些孩子非常强烈的反应。他们总以为自己是最委屈的那个人。同时，他们对一切陌生事物都感到非常好奇，总会不计后果地靠近新鲜事物。

每个人都有可能冲动，孩子当然也不例外，这原本无可厚非。但是如果孩子经常出现冲动就要引起父母的足够重视，否则就会给孩子的身心健康带来严重的影响，最常见的就是造成孩子的性格缺陷。

人会因一时冲动而做出一些不应有的举动，进而造成一些无法愈合的伤痛。

小磊今年刚刚15岁，按说他本应该和其他人一样享受自己美好的中学时代，可是他却被送进了少管所。他看上去比实际年龄大很多，有时竟然会让人误认为他已经20岁了。

由于父母忙于工作，无暇顾及小磊的生活，使小磊养成了容易冲动的性格，经常冲着身边的人大喊大叫。在学校里没有人敢招惹他，同学们都像躲避瘟神一样躲着他，这让年纪轻轻的小磊体会到了霸权所带来的快感。可是他却没有意识到，自己正在一步步地靠近监狱的高墙。

有一次，小磊上街的时候无意间发现有一个人瞟了自己一眼，眼神中带着鄙视。于是，一股无名之火涌上心头，小磊对那个人拳打脚踢，最后竟然酿成不可收拾的后果。于是小磊就被送进了少管所，造成了终身的遗憾，也给自己的家庭带来了不可修复的创伤。

容易冲动的孩子总是让父母放心不下。爸爸妈妈每天都在担心孩子会不会闯祸。一般情况下，能够引起孩子冲动的主要有生理因素和社会因素两方面。

有时孩子因为年纪太小，大脑的中枢神经系统还没有发育完善，大脑的兴奋和抑制过程还不平衡，这就是引发冲动的生理因素。一旦他们遇到意外情况，情绪就会非常激动，不能很好地控制自己。这就是三四岁的孩子会经常冲动的根本原因。

导致孩子容易冲动的社会因素就是父母对孩子的教育方式。现在，很多父母对孩子百依百顺，不管孩子提出什么样的要求都会想尽一切办法去满足，因此，一旦孩子的要求不能得到立即兑现时，孩子就会大发脾气。这些孩子把别人对自己的好当做是理所当然，他们不懂得什么是感恩。另外，有的父母经常对孩子施加家庭暴力，这也容易让孩子养成暴躁的性格。

其实还有另外一种因素也有可能导致孩子的冲动，那就是孩子的情感。孩子的兴趣是经常变化的，遇到自己喜欢的人或物就会表现出极大的兴趣，而遇到自己讨厌的事情就提不起半点兴趣。这也是孩子的天然特性。

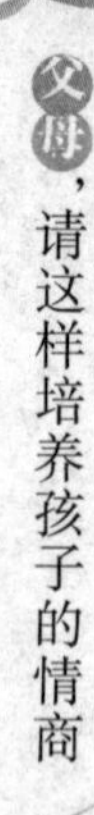

父母应该知道的

孩子会因冲动而做出一些令父母心生不快的举动，这很正常。父母完全可以用一些行之有效的方法对待孩子的冲动。如果感兴趣的话，不妨尝试以下几种方法，也许会有意想不到的收获。

1.循循善诱

很多孩子在遇到新事物时，都会因为强烈的好奇心而不小心弄坏一些东西，这时有些父母会打骂孩子，其实这样做很不对。父母应该动之以情，晓之以理，让孩子明白那些东西被打碎是非常可惜的，让孩子认识到以后做事一定要非常小心。

有一次，李女士托朋友买了一套很贵的护肤品，其包装非常精致。四岁的儿子发现了那些漂亮的瓶瓶罐罐以后，就想据为己有。于是他趁着李女士不在家的时候，把那些护肤品统统挤到了水池中，自己则饶有兴趣地把玩起新“玩具”来。

回到家后的李女士见此情景，禁不住火冒三丈。幸好李女士还是比较理智的，她发现儿子的小脸蛋已经变白了，因此决定放弃使用武力。

李女士握住儿子的双手说：“儿子，你为什么要把妈妈的护肤品给挤掉呢？”

“我就要挤掉，谁让你们不喜欢我呢！”

李女士看着儿子怒气冲冲但又有些心虚的小脸，有一种想笑的冲动。看来小家伙已经知道错了，但是怕妈妈批评，所以先给自己的行为找了一个借口。

“儿子，谁说爸爸妈妈不喜欢你了？”

“嗯……”儿子一时找不到更好的借口，他的小脸这次是被憋得通红。

“知道吗？爸爸和妈妈都很爱你。因为你是我们在这个世界上最亲的人，所以我们想让你每天都开开心心、高高兴兴的。可是今天你把妈妈刚买的护肤品给弄没了，所以妈妈很不高兴。那些都是妈妈不久前花了很多钱买回来的，可是现在却被你当做废品给扔掉了，你说是不是非常可惜啊？如果妈妈把你刚买的玩具扔到垃圾桶里，你是不是也会感到很难过呢？”李女士对儿子认真地说道。

“是的，妈妈，我错了，对不起！”

“嗯，好的。以后一定要注意啊！妈妈这次不怪你。”

我们不得不承认李女士是非常聪明的，她懂得应该用最好的方式解决问题，而不是单纯地依靠打骂孩子让他们“成长”。

2.适时采用冷处理的方法

有的孩子平时很乖，可是一旦家里来了客人，他就犯起了“人来疯”的毛病，不停地做出一些疯狂的举动，想以此来赢得别人的注意。这时他就像一匹脱缰的小马驹一样，不受任何人控制，不管父母用什么招数都不能把他降伏。这是让很多父母都头痛的事情，不仅在客人面前有失礼数，也让自己很尴尬。假如出现了这样的状况，不妨先采取冷处理的方法，等到客人离开后再对孩子进行教育。

3.成为孩子的榜样

要想不让孩子经常冲动，父母必须以身作则，为孩子做出榜样，不

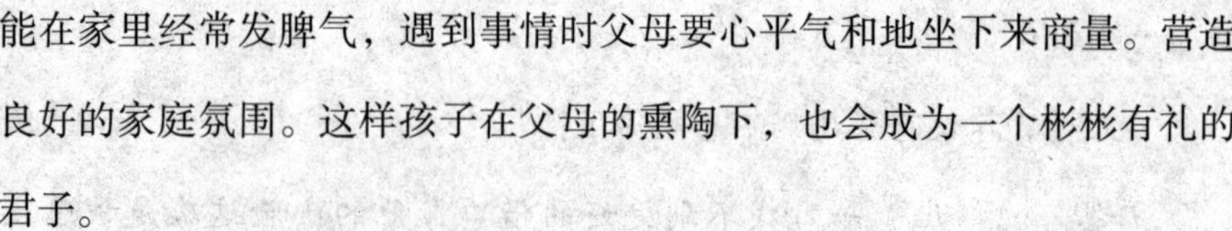

能在家里经常发脾气，遇到事情时父母要心平气和地坐下来商量。营造良好的家庭氛围。这样孩子在父母的熏陶下，也会成为一个彬彬有礼的君子。

4.父母的立场要一致

很多父母在教育孩子时，一方给予孩子严厉的批评，一方却尽力地袒护孩子，也就是人们通常说的“一个唱红脸，一个唱白脸”，这样做很不好。因为孩子的辨别能力不强，很容易产生困惑，不知道究竟怎样区分父母的观点。因此，父母在教育孩子时一定要统一立场。

5.转移大法

当孩子因为一件事情吵闹不休时，父母可以尝试着转移孩子的注意力。可以让孩子关注一下其他事物，或是与孩子一起做一个新鲜的游戏，或者让孩子看有趣的动画片。这样一来，孩子就会忘记自己的不快，又重新变得高高兴兴了。

让孩子学会发泄不良情绪

15岁的小明是一个非常懂事的孩子，因为家境贫寒，他过早地品尝了生活的艰辛，因此他迫切地想要改变自己的命运。当别的孩子学习的时候，他在埋头苦读；当别的孩子为了放松一下做小游戏的时候，他还是舍不得离开自己的书桌。小明的努力有目共睹，每次测验他都在年级里名列前茅，这让他感到很高兴。他喜欢看爸爸妈妈拿着自己的成绩单笑眯眯的样子。

不过，毕竟是青春期的孩子，小明的身体和心理都发生了一些微妙的变化。他开始喜欢注视班里的一个女生，总是装作不经意地看这个女孩一眼。他在日记里面这样写道："我恨自己，我知道应该把所有的心思都用在学习上，可是我就是管不住自己的眼睛。我对不起爸爸和妈妈，他们那么辛苦地供我读书，我却一直在胡思乱想。我不配做他们的儿子，我也对不起对我关爱有加的老师。当他们在课堂上讲课的时候，我却一直在走神……"

随着时间的流逝，小明的负罪感越来越强烈。他总是感到特别内疚，但是却找不到一个出口发泄自己的情绪。他变得越来越孤僻。

不知道从哪天开始，小明开始自虐。每当他"胡思乱想"的时候，他就会用指甲狠狠地掐自己的胳膊，结果没几天，他的胳膊就变成青一块、紫一块的了。后来为了不让别人发现这个秘密，他又想出了一个办法，开始掐自己的大腿内侧，可是这种方法也没有起到理想中的效果。

毫无疑问，小明的方法是错误的。这样做不仅伤害了身体，还给自己的心理造成很大的阴影。长期下去的话，容易让他产生暴力倾向。如果小明的爸爸妈妈教给了孩子发泄不良情绪的方法，那么，小明的内疚和负罪感就会得到及时有效的疏导，他的生活也会更加快乐。可是事情并不是人们想象的那样，小明选择了自虐。

2005年，复旦大学的研究生张某被网友爆料曾经多次虐待猫咪。面对记者的时候，张某说自己很喜欢猫咪，因为自己的生活太枯燥了，总是有很多不顺心的事情压在心头，有了猫咪的加入，原本平静的生活就荡起了些许涟漪。当自己遇到令人心情烦躁的事情时，就拿猫咪来发泄。

接受过高等教育的研究生竟然用这样的方式发泄不良情绪，这正是情商教育的缺失所导致的恶果。而同样是发泄不良情绪，另外一个男孩的选择就显得更加理智了。

小刚非常喜欢踢足球，他对足球的热爱几乎到了痴迷的程度。一个非常偶然的机会，小刚说出了自己喜欢踢足球的另外一个鲜为人知的原因。原来小刚的爸爸脾气非常暴躁，爸爸动不动就动手打他，每当这时，小刚就会觉得自己有万分委屈，可是他又不能解释，因为越解释，爸爸就打得越厉害。所以小刚就把自己的愤怒和不满全都发泄在了足球上，每当他踢出去一脚的时候，心情就会变得舒服一点。这样一来，不仅自己的球技有了长进，糟糕的心情也随之一扫而光了。

由此可见，关注孩子的情绪，并帮助孩子适时地宣泄不良情绪，是为人父母者不容忽视的方面。你的孩子是否能够健康快乐地成长，跟你的教育和引导有着不可分割的关系。

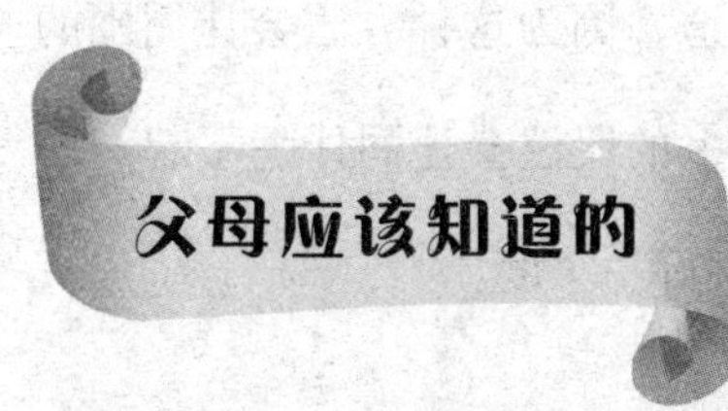

即使是成年人也会有情绪的波动而不能自已的时候，更何况是一个孩子呢。孩子在成长过程中会遇到很多与自己的想象不相符的事情，或是遇到某种突发事件。这时往往会产生伤心、焦虑、厌恶、恐惧等情绪。可是由于孩子的生活经验太少，他们不知道该如何调节这类情绪，于是往往就表现得非常极端。这时，父母不应该一味地训斥、责备，以成人的要求来对待孩子显然是一种错误的做法。如果孩子的情绪在父母的控制下长期找不到一个出口，就会造成孩子的心理失常。

那么，父母应该让孩子学会哪些发泄不良情绪的方法呢？不妨参考以下几种方法：

1.让眼泪把不良情绪带走

父母不忍心看到孩子哭泣的样子，更不会意识到应引导孩子用泪水排解心中的不快。事实上，几乎所有的孩子遇到委屈、愤怒、恐惧的事情时都会选择哭泣，这时父母不可加以制止。因为孩子在哭泣的过程中可以缓解自己紧张的神经。另外，眼泪还可以帮助人们排出体内的毒素。

因此，当孩子的情绪产生巨大的波动时，父母一定要正确地引导孩子哭泣，尽快地排解不良情绪。有些父母非常讨厌孩子的哭声，因此当孩子哭泣的时候，他们就会采取强硬措施进行严厉制止，这种做法很不好。

不过，让孩子哭泣毕竟不是最好的渠道，因为这种方法会让周围的小朋友认为孩子很懦弱，尤其是男孩，过多的哭泣会让同伴瞧不起。所以父母在运用这个方法的时候，一定要掌握好一个度。

2.转移孩子的注意力

很多人都会有这样的经历：一旦陷入了某种困惑或者某种不良情绪之中，如果一味地责备自己的过失，耿耿于怀，就会让自己更加狼狈不堪。这样的情况同样会发生在孩子的身上。如果孩子遇到了挫折或其他不开心的事情，父母要指导孩子不要把眼光停留在自己跌倒的地方。首先要和孩子沟通，看看问题出在哪里，然后给孩子提出预防类似问题的建议。最后，也是最重要的一步，就是让孩子的注意力转移到其他事情上，可以陪孩子跑跑步、踢踢足球，孩子的不良情绪会在剧烈的运动过程中得到很好的排解。

3.让孩子学会向他人倾诉自己的心事

每个人都需要获得他人的认同，而倾诉既可以得到对方的认同，又可以缓解自身的压力。如果孩子从小养成了向他人倾诉的习惯，那么当他们遇到困难或挫折时就可以很快地排解出压抑在心里的感情，否则就容易养成不愿与人交流的孤僻性格。因此，父母要告诉孩子，当他有不顺心的事情时，一定要说出来，以获得他人的理解、支持、同情和安慰。当孩子跟父母倾诉自己遇到的麻烦时，如果父母能给予安慰和理解，那么就能让孩子的不安很快消除，给孩子带来一种安全感。

让你的孩子快乐起来

一位富商病危了，看到窗外的市民广场上有一群孩子正在捉蜻蜓，他就对他四个未成年的儿子说，你们也去那里给我捉几只蜻蜓来吧，我已经有很多年没见过蜻蜓了。

不一会儿，大儿子就带了一只蜻蜓回来。富商问儿子："你怎么这么快就捉了一只呢？"大儿子说："不是捉的，我用您送给我的遥控赛车换来的。"富商听后点点头。

然后就看到二儿子也回来了，他带回来两只蜻蜓。富商问："你这么快就捉了两只蜻蜓啊？"二儿子说："不是我自己捉的，我把您送给我的遥控赛车租给了一个小朋友，他给了我两元钱，这两只蜻蜓是我用一元钱向一个有蜻蜓的小朋友买来的。爸爸您看，我这里还多出来了一元钱呢。"富商听后微笑着点点头。

紧接着，老三也跑回来了，这次，他带回来10只蜻蜓。富商问："你怎么捉了这么多的蜻蜓呢？"三儿子答道："这不是我自己捉的。爸爸，我把您送给我的遥控赛车放在广场上，谁想玩赛车只要交一只蜻蜓就可以了。我怕您着急，就赶忙回来了，不然我至少可以收18只蜻蜓呢！"富商微笑着拍了拍三儿子的头。

最后到来的是那个最小的孩子。只见他满头大汗，却两手空空，而且他的衣服上还沾满了尘土。富商问："我的孩子，你这是怎么了？"

四儿子遗憾地说："对不起，爸爸。我捉了半天蜻蜓，却没有捉到一只，那些蜻蜓好可爱啊，它们飞得那么高，我蹦起来都捉不到它们。不过，有好几次我都差点抓住了！"小儿子讲得眉飞色舞，似乎还沉浸在抓蜻蜓的快乐中。富商看着小儿子的样子笑了，笑得满眼是泪，他和蔼地抚摸着小儿子挂满汗珠的脸蛋，然后把他搂在怀里。

几天后，富商死了。而他的孩子们在他的床头发现了一张小纸条，上面写着：我的孩子们，其实爸爸并不需要蜻蜓，爸爸需要的只是你们捉蜻蜓的乐趣。

每个人都渴望得到快乐，也在千方百计地寻找快乐。然而，快乐究竟是什么？孩子怎样才能得到真正的快乐？

由于现实生活中孩子的生活环境有所不同，每个孩子的性格、兴趣爱好、处事方式、接受的教育方式都有所不同，因此导致他们不快乐的原因和他们不快乐的表现也有所区别。

有一天，一对年轻的夫妇拖着自己8岁的儿子来到一家著名的心理咨询室。这对夫妻看起来特别着急，他们说孩子才刚刚8岁，可是却一点也不想去学校读书。他们用了各种方法试图让孩子安静地坐在教室里学习，可是都收效甚微，小家伙依然无动于衷。这么小的孩子竟然已经有了严重的厌学行为，这样下去会毁掉孩子的一生。万般无奈之下，父母只好把孩子带到这家心理咨询室。

后来，经过一番仔细的询问，心理医生终于找出了症结所在。在交流中，医生发现这个孩子非常聪明，他有自己的小算盘。不过，其父母经常因为一点小事对他进行指责，他感到非常委屈，于是不知从哪一天开始，他不再喜欢和小朋友们在一起玩了，对于老师说的话他也毫不在意，老师布置的家庭作业他也是草草地应付过去，有时甚至一点也不做。父母发现这样的情况后怒不可遏，于是经常打骂他，这样一来他的叛逆心理就更强了，直到最后发展到连学校的大门也不想进。他在用自己的言行来表达自己的不满。

了解了这些情况后，医生为他们家量身定制了一个康复方案。经过医生、父母的不懈努力以及孩子的配合，过了一段时间后，笑容又爬到了那个孩子的脸上。他又变得活泼开朗起来，和父母的关系也得到了明显的改善，对学习也渐渐产生了兴趣。

由此可见，父母的教育方式和孩子的快乐有着直接的关系，同时也决定了孩子发现乐趣的能力高低。

事物之间都是相互联系的，任何现象的产生都有一定的原因。有的人只看到了表面现象而看不到事物的本质，因此就有了“头痛医头、脚痛医脚”的现象，在这种情况下，不管你花费多大的力气，最终也只能是事倍功半，收效甚微。有时还会使得情况更加糟糕。

当孩子出现成绩下滑、打架、逃学等问题的时候，很多父母不问青红皂白，先打上一顿，孩子在父母的暴力威慑下看似改过自新了，实则内心更加叛逆，这不仅不利于问题的解决，还会造成更大的隐患。孩子在这种教育模式下变得中规中矩，没有丝毫的创造力。而且，在父母和老师的批评下，他们往往会变得很自卑，认为自己根本就不适合在学校里学习，有的还会造成性格缺陷。

当孩子的情绪出现异常或是突然变得不爱说话时，父母一定要引起足够的重视。不能一味地责备，更不能把所有的责任都推到孩子的身上。要及时进行反思，分析这种现象产生的根本原因。

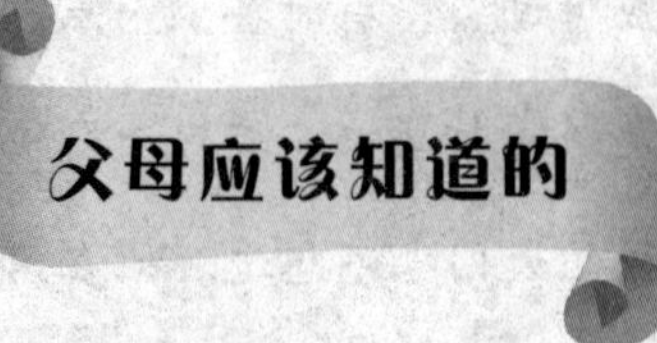

人们经常会祝福别人笑口常开，当然，父母也希望自己的孩子每天都能够快快乐乐、高高兴兴的。他们希望孩子的世界充满阳光和温情，希望孩子能够以乐观豁达的心态面对生活中的挫折和坎坷。可是要知道，人的性格是在长期的生活经历中逐渐形成的，虽然受到先天因素的影响，但是对性格影响最大的还是后天的培养。所以说，孩子乐观的性格也可以在一定的训练下逐渐形成。

如果父母想让孩子快乐起来，不妨尝试下面的几条法则：

1.不要让孩子成为实现父母意志的工具

有的父母非常专制，给孩子列出了很多的条条框框，限制了孩子的行动自由。很多孩子就是因为父母限制的东西太多，所以他们才变得闷闷不乐，因为他们没有最基本的自由，他们的想法得不到尊重和理解，无法从主动的选择中获得应有的乐趣。所以，父母应该下放一些权力，让孩子有选择的机会。比如可以让孩子选择午饭吃什么、穿什么样的衣服、或者出行的地点等。这样，孩子就会知道自己是被尊重的，他们会因此感到很自信。

2.让孩子多交几个知心朋友

人是社会性的动物，需要别人分享自己的喜怒哀乐。假如一个人没有朋友，那么他必将忍受孤独的煎熬。假如孩子没有朋友，那么他们的性格就会扭曲，当然也就体会不到更多的快乐。因此要想让自己的孩子快乐起来，就要鼓励他多交几个知心朋友。周末的时候，可以建议孩子邀请朋友到家里来玩，这个过程无疑会增强孩子的幸福感。

同时，还要让孩子学会怎样与不同的人群交往。父母在人际交往过程中要真诚热情、礼貌待人、不趋炎附势，给孩子树立一个良好的榜样。

3.再富不能富孩子

每个人都是有贪欲的，有的人虽然家财万贯，可是他们过得并不幸福，因为他们还希望得到更多的财富，他们对物质的追求永无止境，所以才更加痛苦。因此，父母在教育孩子时，不要给孩子提供过于奢华的物质生活，这有可能滋生孩子的攀比心理和无穷无尽的贪欲。如果真的是那样，会给孩子的成长道路平添很多痛苦，他们的快乐也无从谈起。

4. 培养孩子广泛的兴趣爱好

一个人总能从自己喜欢的事情中得到快乐，所以不能让孩子总是坐在电视机前看动画片。父母应该培养孩子广泛的兴趣爱好。有些孩子对声音很敏感，那就让他学习小提琴或者钢琴。需要注意的是，不要把这些事情功利化，不要抱着升学的目的让他们学习音乐，否则孩子不仅得不到快乐，反而觉得学习音乐是一种负担。

5.自信和快乐是一对孪生兄弟

拥有自信的孩子往往更加快乐。因此父母要尽可能地多发现孩子的优点，并及时地进行肯定，帮助孩子树立起自信心。对于那些比较自卑的孩子，父母可以带他们进行体育锻炼，让孩子在不断的自我挑战中树立自信心。

6.营造快乐温馨的家庭氛围

人们常说“人是环境的产物”，这句话就说明了环境对一个人的

成长非常重要。如果一个孩子在轻松愉悦的家庭氛围中成长，那么，这个孩子在大多数情况下就是开朗活泼的。如果家庭氛围过于沉闷，那么有可能造成孩子的心理比较阴暗。因此，父母要营造一个快乐的家庭氛围，协调好家庭成员之间的关系，这样才能有利于孩子的健康成长。

别让抑郁症靠近你的宝贝

随着生活节奏的加快，现代人承受的压力越来越大，抑郁症也成了人们多发的精神疾病。抑郁症的主要表现是情绪低落、思维迟缓、不爱说话、动作迟缓等，严重者还会有自杀的念头。它给人们的生活和工作带来了很大的威胁，据说每七个成年人中就会有一个抑郁症患者，而其中15%的抑郁症患者最终会走上自杀的道路。这样高的自杀率让人触目惊心，这和人们对抑郁症没有一个正确的认识有关。很多人讳疾忌医，不愿意到精神科就医，造成病情恶化。另一方面，当一个人出现抑郁症表现时，很多周围的人不能给予足够的重视和理解，这也是造成病人病情恶化的原因。

父母不要再认为只有成年人才会得抑郁症，那些情感脆弱的孩子应该得到更多的关怀与呵护。抑郁症有很大的危害，会导致孩子的记忆力下降、思维迟缓、表情呆滞、孤僻、没有活力，甚至有的孩子还会出现轻生的念头。父母在平时一定要留心孩子的情感变化，一旦孩子出现了抑郁症倾向，一定要及时地进行疏导，否则将会造成非常严重的后果。

据调查，抑郁症的发病正在向低龄化趋势发展，这些现象应该引起父母足够的重视。

晓彤已经是一名高二的学生了，可是这个小姑娘却没有同龄人应该享有的阳光。从初三下学期开始，晓彤开始变得沉默寡言，总喜欢独来

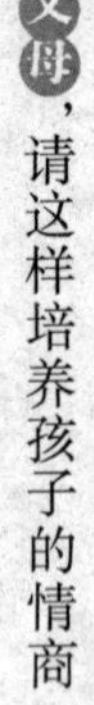

独往，听课的时候也不像以前那样专注。她总是担心自己会在中考的时候失利，考不上市里的重点中学。因此她的精神总是处于一种极度紧张的状态，后来她的记忆力也开始下降，果然，中考时她没能考上那所重点中学，于是她觉得辜负了父母对自己的期望，情绪变得越来越低落了。

其实晓彤的情况还不是最严重的。她只是情绪很低落，有时还愿意和其他人沟通，她最大的问题就是过于自责，总认为自己对不起父母的关怀，被一种巨大的挫败感紧紧地包围着。如果父母多和晓彤沟通，不给她太大的压力，相信在不久之后情况就会有所好转。可是，如果孩子的抑郁不能得到及时有效的关注和治疗，将会导致非常严重的后果，甚至有时会酿成无法挽回的结局。

小刚是一名初中二年级的学生。以前他是一个活泼开朗的男孩，可是自从升入初中以后，学习压力忽然变大了，他有些不知所措，学习成绩也很不理想，因此爸爸妈妈总是责骂他，有时爸爸还气急败坏地动手打他。周末，别的同学都和父母出去玩，他却被禁止出行。父母反对他参加一切课外活动，每天只盯着他做那些厚厚的习题集。有几次小刚也试图与父母沟通，可是他们根本不听小刚的任何解释，只是一味地要求小刚学习、学习、再学习。小刚感到非常压抑，他脸上的笑容也悄悄地消失了。因为成绩不好，他总觉得班里的同学都看不起他，父母无休止的责骂彻底摧毁了他的自信。有一段时间，他竟然开始怀疑起自己的智商。他的世界里看不到阳光。

父母没有对小刚的变化给予足够的重视，小刚也找不到生活的意义。终于在一个风雨交加的夜晚，他从卧室的窗户向外纵身一跃，年轻的生命便匆匆收场了。小刚在遗书中写道："爸、妈，你们知道吗？我也希望自己能有一个优异的成绩，我也希望能够得到老师的夸奖、同学钦佩的目光。每当老师发试卷的时候，我就感觉特别害怕，同桌说我的脸色一会儿发白一会儿发红。我就像一只等待屠杀的羔羊，虽然不知道什么时候寒光闪闪的尖刀会捅向我的胸膛，但是我知道结果都是一样的，我肯定考不好。小时候笑声总是在家中弥漫，可是等我升入初中以后一切都变了。真的，我特别想考一个高高的分数，那样你们就不会生气，爸爸也不会打我了。我努力了，可是就是做不到。我曾经试着和你们聊天，可是你们从来都不给我解释的机会，这让我感到很难受。每次妈妈都会拿班上成绩好的同学跟我作比较，这让我感到更加难堪。原来，在你们的眼中我一无是处，我也开始怀疑自己的能力。我没有脸面去见任何人，在学校里我就像一个被人嘲笑的小丑一样，回到家里你们还要不时地责骂我，这样下去我活着便不再有意义……”

如果小刚的父母能够留心孩子的情绪变化，如果他们能够听听孩子的心声，如果他们能够及时地帮助小刚，那么，悲剧也许就不会发生了。然而，对于已经酿成的悲剧，再多的如果也无济于事了。我们要做的就是警醒自己，别让自己犯下同样的错误。据一项权威调查显示，有大约20%的青少年患有不同程度的抑郁症，这些孩子中又有4%的青少年最终选择了自杀，那些有过自杀念头的孩子更是不计其数。

相比肢体上的痛苦而言，精神上的痛苦更加让人难以忍受。每个人都知道生命只有一次，他们之所以选择自杀就是因为心灵上的某种痛苦让他们难以忍受。当人们绝望的时候才会选择自杀，对于那些心理承受能力较差的孩子来说，他们更容易选择这种极端的方式来解脱自己。

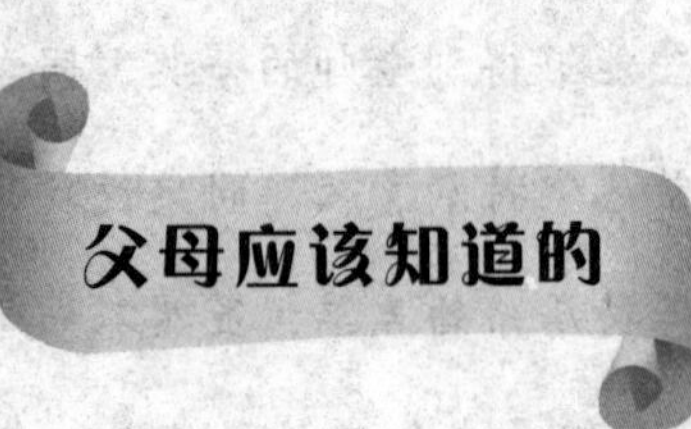

父母应该知道的

在日常生活中，为了预防孩子患上抑郁症，父母可以从以下几点入手：

1. 留心孩子的情绪变化

当孩子出现闷闷不乐、体重下降、食欲不佳等现象时，父母一定要给予足够的重视，这可能是抑郁症的前兆。这时父母要和孩子主动沟通，看看孩子究竟为什么不开心。对于孩子认识错误的问题，一定要给予正确的价值观引导，教会孩子一些科学的发泄不良情绪的方法，例如参加体育锻炼、爬山、哭泣，等等。另外，父母还可以带领孩子做一些他比较喜欢的事情，把视线转移，同时还要帮助孩子树立一个奋斗的目标，当孩子为了自己的目标奋斗时，就会把那些不愉快的事情忘记。

2.不要给孩子施加过多的压力

现在的孩子虽然物质生活条件提高了，但是他们的心灵却更加疲惫。他们承受的压力越来越大，而他们的抗压能力又没有得到提高。这就需要父母在生活中不要再给孩子施加压力了，要多发现孩子身上的闪光点并进行鼓励，让孩子体会到自己内在的强大，另一方面还要不断增强孩子的抗压能力。

3.营造良好的家庭氛围

良好的家庭氛围是孩子健康成长的温床。在家庭生活中，父母不要一味地严格要求孩子，不妨和孩子一起玩玩小游戏，开一些无伤大雅的玩笑等。当孩子感受到来自家庭的温暖时，他们会更加开心，即使有了一些小小的不愉快也能很快排解掉。

4.让孩子多交朋友

要鼓励孩子多交知心朋友，让孩子请朋友到家里来玩，父母也要热情款待孩子的朋友。很多人都有这种经历：有些话我们宁愿和好朋友说也不愿跟家里人说。所以，当孩子有了知心朋友的时候，会把心事告诉自己的朋友，这样孩子也会减少得抑郁症的机会。

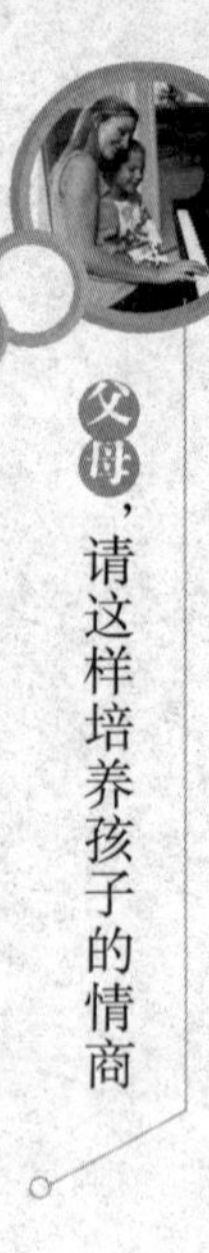

怎样面对脾气暴躁的孩子

有些孩子的脾气非常暴躁，一点鸡毛蒜皮的小事都有可能触动他们脆弱的神经，使其大发雷霆。他们的表现通常有任性、不讲道理、随意毁坏物品、不停地哭闹等。父母们为这种脾气的孩子伤透了脑筋，他们对孩子是又爱又恨。

任何事物的产生都有一定的原因。孩子暴躁性格的形成和父母的教育方式有很大关系。

首先，父母的溺爱是孩子暴躁性格形成的温床。在有些家庭里，全家人的目光都聚焦在孩子身上，这样一来就容易让孩子养成以自我为中心的意识，使孩子觉得其他人都是为自己服务的，他理所应当享受特权。有的父母本来不想答应孩子的过分要求，可是，一旦孩子亮出自己的杀手锏大发脾气时，父母就会失去原则而就范。这给了孩子一个暗示：只要自己发脾气，那么所有的要求都会得到满足。于是，孩子的脾气会越来越坏。

其次，家庭教育的不一致是形成孩子暴躁性格的催化剂。对孩子进行教育时，家庭成员之间意见的不一致容易让辨别能力不强的孩子感到迷茫，当他不知所措时就会乱发脾气。例如，对待同一件事情，爸爸给出了严厉的批评，妈妈却又极力安慰。所以，在教育孩子时，父母要注意意见必须统一，不能有模棱两可的嫌疑。

最后，有些疾病和生理因素也会导致孩子脾气暴躁。例如，过度疲劳容易使人产生烦躁不安、容易发火的现象。

有些父母在孩子发脾气时会茫然失措，不知如何是好，这样做很不利。如果不对孩子的脾气进行有效、及时的控制，就会让孩子的脾气变得更加糟糕。

明明今年已经6岁了，在上幼儿园。由于爸爸妈妈工作很忙，于是把他放在爷爷奶奶家寄养。明明非常聪明，所以全家人都很喜欢他。不过他有一个让人头痛的缺点：脾气出奇地大。他发起脾气来让人无法忍受，即使遇到一个小小的困难也会不停地说“太难了，我做不到，我做不到”，然后就会在地上打滚，任凭谁劝说也不管用。如果一旦自己有什么要求父母不能立刻满足，或是稍有不顺心，他都会大发脾气。如果哪一天妈妈不让他看动画片，他甚至可以哭上一整天。

有一天，全家人外出吃饭，可是明明在饭桌上却突然提出要去肯德基餐厅的要求。爸爸好说歹说也没能说服明明。他不停地哭闹，后来甚至用脚踢爸爸，引来很多人的张望，这让明明的爸爸感到非常尴尬。

明明的家人为孩子的暴躁性格伤透了脑筋，其实像明明这样的孩子并不少见。如果孩子发脾气时，父母能给予及时有效的指导，情况就不会太糟。下面事例中的这位妈妈或许能够给你一些启发。

彤彤的脾气很倔强，只要是自己认准的事就会一条道走到黑。她的脾气很坏，只要有稍不如意的事情就会大发脾气，因此她的妈妈很担忧，小心翼翼地照顾着彤彤。

有一次，妈妈把彤彤的情况告诉了同事，同事们都很想知道这个漂亮的小姑娘究竟会为了什么而吵闹不休。因为彤彤看上去特别乖巧，绝

不像那些不懂事的小孩。他们猜想彤彤绝不会无缘无故地哭闹，这其中一定有不为人知的原因。这时，彤彤的妈妈才意识到自己的疏忽，她认为同事们的话有几分道理，于是她决定仔细观察一下女儿。

后来，彤彤的妈妈发现，在父母发怒或对她表露出不耐烦的表情时，她通常都会大发脾气，并且和父母纠缠不休。这时妈妈好像已经找到了问题的根源所在。很可能彤彤一看到爸爸妈妈生气就认为他们不喜欢自己了，顿时失去了安全感，所以才发脾气。

有一次，彤彤又“莫名其妙”地发脾气了，这次妈妈面对彤彤的行为并没有表现出厌恶。妈妈蹲下来把彤彤抱在怀中说道：“妈妈知道彤彤不高兴了，彤彤最乖了，能不能告诉妈妈为什么生气呢？”

彤彤看着妈妈说：“你刚才那么不高兴，我以为你不喜欢我了。”

“彤彤是妈妈的宝贝，妈妈会永远爱你的，刚才妈妈并不是因为你才生气的，妈妈把怒气撒到你身上，是妈妈不对。不过你要记住，不管到什么时候，妈妈会一直爱你的。”

父母应该知道的

不得不承认，教育孩子是一项很艰巨的工作，因为这份工作集创造性和风险于一身。父母在教育的航程中，如果稍不留心就会触礁，伤害孩子幼小的心灵。所以，父母要在日常生活中细心地观察孩子的变化，要深入孩子的内心，弄清楚他们想的是什么，只有在这个基础上才能保证孩子健康茁壮地成长。

脾气暴躁的人很容易和他人形成敌对关系，不利于自身的发展。因此，当孩子出现脾气暴躁的现象时，父母要及时地进行引导，不让暴躁的脾气毁了孩子将来的幸福。如果再遇到孩子发脾气的现象，父母不妨借鉴下面的几种方法。

1.让孩子知道乱发脾气的后果

首先要明确地告诉孩子，当他冲父母发脾气时父母很不高兴，因为这深深地伤害了爸爸妈妈的感情。这是一种没有修养的粗鲁行为，是一种不尊重他人的行为。如果经常这样做，会得不到周围人的尊重，也不会得到朋友。

2.以身作则，为孩子树立良好的榜样

父母在处理问题的时候千万不可急躁，更不可感情用事。不管遇到什么样的事情，父母都应该控制自己的情绪，不要轻易地发脾气。要给孩子树立一个良好的榜样。孩子在父母的耳濡目染之下也会养成很好的习惯。

3.有意识地锻炼孩子的耐力

让孩子参加一些可以锻炼耐力的活动，例如钓鱼、练习书法等。另外，还可以让孩子做一些例如择菜的家务，这些活动都有助于在无形之中提高孩子的忍耐力，可以有效地减少孩子发脾气的频率。

4.不妨冷处理

有的孩子听不进去大人的劝说，这时父母不妨暂时做其他的事情，对他不予理睬，等到他停止哭闹、心情较平静的时候再和他进行沟通。

5.让孩子学会自我暗示

可以告诉孩子，当他忍不住要发火的时候就在心里默念“这没什么大不了的”、“他也不是有心的”、“不值得生气”，等等，教会孩子用语言暗示自己。事实证明，这种方法很有效。

6.赞赏是最好的方法

每个人都希望自己能够得到别人的赞赏，孩子也不例外。父母不要过多地指责孩子的暴躁脾气，相反，应该把眼光放到孩子情绪稳定的表现上，并对孩子的那些行为大力赞赏。这时孩子就会产生一种满足感，于是他就会不知不觉地培养自己平和的性格。孩子一旦犯了错，父母就不遗余力地批评，那么孩子会感到特别紧张，总是担心自己会在某个时刻又惹得父母不高兴。越是这样，孩子就越容易因不安而发脾气。

7.杜绝孩子的暴力行为

如果孩子忍不住心中的怒火而动手打人了，那么不管谁对谁错，父母都要坚决制止，明确地告诉孩子这种做法很不对，并让他明白有可能产生的严重后果。同时引导他找出一些切实可行的补救措施。

第三章
进行情感教育，教孩子爱自己也爱他人

让孩子拥有丰富的情感是保证孩子健康成长的重要条件之一。可是很多孩子却不懂得爱是什么，不懂得感恩，他们把父母的关爱、朋友的关心都当做是理所当然。孩子变得越来越冷漠，不懂得孝敬父母，也不明白友情的珍贵……

究竟怎样做才能让孩子拥有丰富的情感，让他（她）学会爱自己的同时也爱他人？本章内容会让这些困扰您已久的问题迎刃而解。

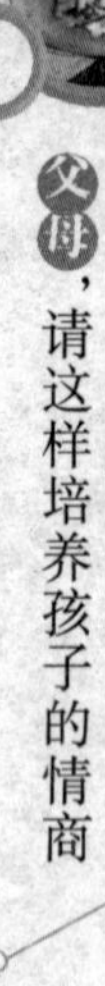

让孩子学会爱，首先要让孩子得到爱

爱是世界上最美好的东西，没有谁不需要它。作为相对弱势的孩子，由于他们的依赖心理使得他们对爱的需求更为强烈。所以，在对孩子进行情感教育之前，父母首先要让孩子感受到最美好的爱。只有体验过爱的孩子，才能真正地将爱传播出去。孩子是父母最心爱的珍宝，是父母最引以为骄傲的珍宝，这种亲情是世界上其他任何东西所无法比拟的，这种伟大的爱能够激励孩子不断取得进步。

在古代的罗马城中，有两个孩子正在阳光下快乐地玩耍，他们的母亲走过来对他们说："孩子们，今天会有一位非常富有的朋友要来我们家做客，她还会向我们展示她名贵的珠宝。"

过了一会儿，那个朋友果然来了。她手臂上的金环、手指上的戒指、脖子上的金项链以及发髻上的珍珠饰品都在闪闪发光。

弟弟感叹地对哥哥说："她看起来是如此高贵，我从未见过这么美的人。"

哥哥说："是的，我觉得也是！"

小哥儿俩羡慕地看着客人，然后又看了看自己的母亲。母亲只穿了一件朴素的外套，身上没有佩戴任何饰品。但是母亲和善的笑容却照亮了她的脸庞，甚至胜过任何宝石的光芒。她那盘在头上的金棕色头发就像一顶皇冠。

“你们想看看我其他的珠宝吗？”富有的朋友问。

于是，她的仆人又拿来一个盒子并放到桌子上。这位女士把盒子打开，里面的珠宝让人眼花缭乱。红宝石像血一样红，蓝宝石像天一样蓝，翡翠像海一样碧绿，钻石像阳光一样耀眼。

兄弟俩呆呆地看着这些珠宝，心照不宣：“如果我们的母亲能够拥有这些东西该多好啊！”

客人炫耀完自己的珠宝以后，怜悯地说：“康妮黎亚，你真的这么穷吗？真的什么珠宝都没有吗？”

康妮黎亚坦然地笑道：“不，我当然有珠宝了，而且在我看来，我的珠宝比你的更贵重！”

客人睁大了眼睛：“是吗？那就赶快拿出来让我看看吧！”

于是，母亲把两个男孩拉到自己的身边，她微笑着说：“这就是我的珠宝。难道他们不比你的珠宝更贵重吗？”

这两个男孩，特贝瑞斯和卡尔斯永远都不会忘记那时母亲脸上骄傲的神情以及深深的爱意。数年后，他们成了罗马伟大的政治家，但他们仍然会常常回忆起当年的这一幕。

天下父母对孩子的付出永远都是无所求的，对孩子付出的情感也是任何一种情感不能比拟的。幼小的孩子在父母的呵护中能够茁壮成长，成年的孩子在父母的关爱下能够奋勇向前，受委屈时他们能在父母的怀中寻求安慰，疲惫时他们可以在父母的面前彻底放松，壮志满怀时他们可以在父母之爱的感召下努力实现自己的价值……所以，请爱你的孩子，你的爱是孩子最坚固的保护伞，是孩子最温柔的港湾，是孩子自信的支柱，是孩子幸福的源泉，是孩子去爱别人的最完美的借鉴……

父母应该知道的

1.爱孩子首先要尊重孩子的隐私

父母与孩子之间的地位是平等的，孩子也是独立的个体，也有隐私，谁也不应该侵入他的秘密领域。但是，很多时候，往往是父母在无意中破坏了这种平等，因此，也在无意中自行剪断了与孩子之间的信任纽带。亲子之间一旦失去了信任，沟通就成了问题，更不要说教育了。

星期日一大早，刘军的儿子就出去找朋友玩了。刘军来到儿子的房间，看到儿子的书桌上一片狼藉，便过去整理。刘军刚准备把收拾好的东西放进抽屉里，结果发现打开的抽屉里有一个笔记本。

翻开一看，是儿子的日记。第一页上写道："自从上了初中，我就开始感觉孤独和空虚，父母只关心我的学习成绩，我厌烦了没完没了地写那些永远都写不完的该死的作业，我多么想出去和朋友们打打篮球、踢踢足球，好好地放松一下呀！"

刘军的心被震动了，他一直以为自己与儿子很交心，却没想到儿子与自己有这样的心理距离。

儿子在外面玩了一整天，直到黄昏才回到家里。他进入自己的房间，不一会儿就跑了出来，有些生气地说："谁动了我的东西？"

"没有啊。"刘军假装糊涂地说。

儿子见父亲这样，也就没再说什么，只是闷闷不乐地走开了。

几天后，刘军又趁儿子不在家的时候进入了儿子的房间，他想了解儿子的内心，可是，却吃惊地发现抽屉上安装了一把锁。

这时，刘军才意识到自己犯了一个很低级的错误。

晚饭时，刘军鼓足勇气对儿子说：“爸爸犯了一个错误，能原谅爸爸吗？”

儿子沉默了片刻，冷淡地说：“不就是偷看日记的事情嘛，我不想再提了。”

“那么，如果你肯原谅爸爸，就请把锁打开吧，不要把爸爸当贼一样防着。”

儿子一听，立即跑回房间，出来后把钥匙抛给刘军，并气呼呼地说：“钥匙，给你，满意了吧？”

又过了几天，刘军再一次鬼使神差地进入儿子的房间，习惯性地走向书桌，当看到抽屉上已经没有锁的时候，刘军一阵惊喜，他想儿子终于肯相信自己了。可是，结果令他大失所望，因为抽屉里已经没有日记本了。

一天，在吃晚饭的时候，儿子突然吃着饭说道：“爸爸，你是不是很失落？”

“怎么这么说呢？”

“爸爸，看不到我的日记了吧？因为我已经把日记本扔了，并发誓不会再写日记了。”

刘军半天没有说话，他意识到，现在儿子的内心已安装了一把锁。

2.爱孩子就请体谅孩子

父母与孩子之间产生分歧和争执都是常有的。两代人之间有太多的不同看法，倘若双方都各执己见，就无法避免矛盾。不妨理解一下对

方，互相做一些让步，事情就可以得到圆满解决了。

罗伯特太太发现大街上的年轻人总是穿一些被磨得破破烂烂的牛仔裤和花花绿绿的T恤。对于这样的流行趋势，她还是不能接受。然而有一天，她却发现自己13岁的女儿洛莉塔正在花园里，用泥土和石头猛擦新牛仔裤的裤脚。罗伯特太太很吃惊："上帝啊！这个孩子怎么可以如此对待我给她买的新裤子呢！"罗伯特太太立刻上前阻止，并说："洛莉塔，妈妈像你这么大时正是美国经济大萧条时期，生活清苦极了，而你现在却这样不爱惜东西。"然而这番说教丝毫不起作用，洛莉塔依然在低头使劲地擦着。罗伯特太太问她为何要把新牛仔裤弄成这样，女儿说："妈妈，您看看外面在流行什么？我怎么可以穿着这样新的牛仔裤出门啊！"

罗伯特太太很无奈，每天女儿上学走时，她都会盯着女儿的那一身装束叹气道："怎么可以穿成这副模样呢？"女儿上身穿爸爸的旧T恤，上面还染了蓝色的圆点和条纹，新买的牛仔裤上膝盖和裤脚都被弄得面目全非，罗伯特太太没有数清那裤腿上有几个被女儿剪开或磨出的洞。

这天，女儿上学后，罗伯特先生对太太说："亲爱的，你看你每天在女儿出门时都说了些什么？'怎么可以穿成这副模样呢'，好了，当她到学校和朋友们谈起整日唠叨的古板母亲时，可真有的讲了。你看过其他像女儿这个年纪的孩子们都穿些什么吗？为什么不亲自去看看呢？"

罗伯特太太认为先生说得有道理，就准备去看看这个年龄段的孩子们都穿些什么，于是在女儿快放学的时候，罗伯特太太特意开车去接她。这次，她总算开了眼界了，女儿的穿着算是一般的，比女儿穿得更"惊世骇俗"的大有人在。于是，回家后罗伯特太太对女儿说："亲爱的，也许是我对‘牛仔裤事件’的反应有些过度。从现在起，你去上学或与你的朋友出去玩，想穿什么就穿什么吧，妈妈不再反对了。”

“妈妈，您说的是真的吗？真是太好了！”

“是真的。不过，你也得答应妈妈一个条件，我们一起去教堂或拜访长辈时，你得乖乖地穿些像样点的衣服。”

女儿在考虑。罗伯特太太继续说：“这样做你只需让步百分之一，而我却让步百分之九十九。”

“好吧，妈妈，我们一言为定。”

此后，洛莉塔出门时再也听不到妈妈的那句让人反感的话了，而罗伯特太太带着女儿去参加一些公众场合的活动时，也看不到女儿破烂的牛仔裤和宽大破旧的T恤了。

3.溺爱是害不是爱

可以说，天下的父母都是爱自己的孩子的。但是，这并不意味着他们全都懂得对孩子的爱到底会给孩子带来什么样的人生，也不意味着他们知道如何爱孩子才最有利于孩子的成长。比如有的父母只知道孩子是自己的心肝宝贝，因此舍不得让孩子受一点点委屈、吃一点点苦，只要孩子提出的要求，一律满足。显然这种爱是有问题的，这种暂时的爱会给孩子带来无穷的害，这种爱是溺爱，会让孩子变得骄横无理，任性妄为。我们不提倡！

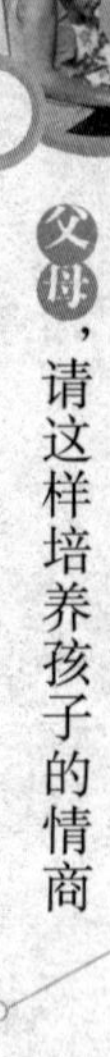

为什么你的孩子会如此冷漠

当前，人们的物质生活水平越来越高，另一方面，人们的感情却逐渐地“荒漠化”，很多人之间存在的只是仅有的利益关系。有人说，这是成熟的表现，但是这种所谓的成熟和睿智是非常可怕的。如果一个人想到的只是自己，不懂得感恩，也不懂得关心他人，那么，这个人的人生必将是可悲的。

一位中学老师曾经在课堂上提出了这样的问题：“爸爸妈妈费尽心机地想让你们生活得更好一点，同学们应该用什么样的行动来回报他们呢？”这位老师本来是想激发学生对父母的感恩，让他们体会到父母的艰辛，然后全身心地投入到学习中来。可是学生们的回答却大大出乎他的意料。

“我觉得他们也不是特别辛苦，他们也不怎么关心我。”

“是的，是的，爸爸妈妈就知道挣钱，很少陪我，更别说一起出去旅游了。”

“嗯，每天回家后妈妈都要问我在学校里学到了什么东西，更让人无法接受的是，有时她竟然让我按照老师的方式重新展示一遍。”

……

学生们的回答让老师惊诧不已，他想不通为什么会出现这样的结果。他觉得孩子真是太难以理解了，是不是自己落伍了呢？问题究竟出在哪里呢？

其实，这还算是比较好的，更有甚者，有些中学生在公交车上遇见老人或孕妇时竟然把头扭向窗外，即使当售票员大声提议让他们让座时他们仍然无动于衷。还有些孩子经常倚强凌弱，欺负低年级的小同学。

相信有很多父母对孩子的情感现状都会感到震惊。诚然，在我们的周围也有很多孩子都很有爱心，他们懂得关爱他人、关心小动物、爱护花草树木，但是也有很大一部分孩子，由于父母不恰当的教育方式，导致他们对别人的感情极为冷漠，以自我为中心，不懂得关心他人，不懂得感恩，甚至把自己的快乐建立在别人的痛苦之上，经常给身边的人带来种种伤害。

晨阳是一个9岁的男孩，他已经是一名小学三年级的学生了。小时候的晨阳非常招人喜爱。当有人给他和妈妈让座的时候，还没等妈妈开口，他就会向那个让座的人很有礼貌地答谢了。如果看到妈妈不高兴，他会在旁边静静地观察，小家伙还会低下头来沉思，想一想自己究竟错在哪里了，让妈妈这么不高兴。如果实在想不通的话，他就会走上前去询问。如果爸爸妈妈给他买了好吃的东西，他首先会让爸爸妈妈吃，然后自己才津津有味地享受美食。

可是，不知从什么时候开始，以前那个有爱心的晨阳不见了。他开始变得冷漠，好像外面的一切都与他无关。他生活在自己的小世界里，理直气壮地指使家人为自己服务，经常命令自己的爸爸妈妈做出一些很夸张的动作，自己在一边乐得咯咯笑。有一次，爸爸带他出去的时候，不小心摔了一跤，他不仅没有上前问候一句，竟然还站在一旁拍着双手哈哈大笑起来。这让爸爸感到很心酸，其实爸爸根本就没有想过要得到晨阳的帮助，他只不过是希望孩子用语言来象征性地关心一下自己。可是爸爸的愿望落空了，他感到非常难过。

孩子的情感冷漠已经成为一个不可回避的现实，站在教育一线的老师首先发现了这个问题，因此他们曾经提出国家必须加大对孩子情感教育的投资，从而引起了社会对孩子情感冷漠现象的大讨论。不过，这些问题仍然存在于新一代的孩子身上。

父母应该知道的

一切事物的产生都有一定的原因，孩子的情感冷漠并非是一朝一夕才形成的，这和父母的教育方式有很大关系。如果你的孩子也出现了情感淡漠的现象，不妨看看有没有下面的原因。

1.父母和孩子长期分离，偶尔才能见--面

随着生活和工作压力的增大，很多父母为了省事，就把孩子交给老人抚养，因此出现很多寄养儿童，更有甚者，身在外地的父母直接把孩子送回老家，等孩子到了入学的年龄时再接到身边。这样一来，孩子在情感启蒙的关键时期父母不能在身边给予正确的引导，因此使孩子的情感出现了“荒漠”。

2.父母过分注重孩子的智商，忽视情商的培养

对于有些父母来说，如果孩子的学习成绩好就呵护有加，并给予一定的奖赏，反之，孩子的学习成绩不太理想，就会对孩子无休止的批评和贬低。孩子从来没有得到过不计条件的爱，因此感情也会变得淡漠。

3.父母只培养孩子的竞争意识

现在的孩子都是独生子女，他们的分享意识不强，而父母也没有加强对孩子的分享教育，等到他们上学以后，和同学之间更多的是面临竞争，如分数的高低、排名的前后等，因此孩子之间的感情会在无形之中被简化。

4.父母任孩子醉心于虚幻的网络世界

科学技术的发达让孩子在很小的时候就能接触到网络，相比现实而言，网络中的交友更加快捷，这些孩子可以在网络中暂时得到自己想要的东西，因此，当他们面对现实生活中复杂的人和事情的时候就会感到疲倦。

5.使孩子失去自己的乐趣

众所周知，现在孩子的学习压力特别大，因此他们不得不放弃很多兴趣，一心“遨游”在知识的海洋里。文学、艺术离他们的生活越来越远，可是对孩子的情感培养帮助最大的莫过于文学和艺术。孩子生活在文学、艺术的真空地带，日久天长，他们的情感不能受到启迪，也会逐渐变得冷漠。

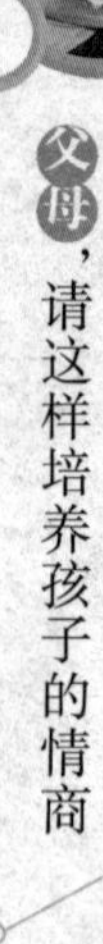

让孩子感受爱的真谛

有一件事情已经过去很久了，但人们每每想起都会有一种揪心的疼痛。其实有些悲剧本来是可以避免的，但还是发生了。

2004年，云南大学曾一度成为全国关注的焦点。令人遗憾的是，并非这所学校有了什么举世瞩目的发明，而是因为在它的学生公寓的宿舍柜子里发现了四具男子的尸体。经核实，遇害的四个人系该大学生物系应届毕业生，为了能够找到一份理想的工作，他们提前返校，可是却万万没有想到自己在一步一步靠近死神。

警方经过调查发现，嫌疑犯就是生物系的另一位名叫马加爵的学生。被害的四名学生均是他的同学。这是一场有预谋的连环杀人案，凶手的作案手段极为残忍。而他杀人的原因就是在打牌时，这几名同学对他进行了语言侮辱和人身攻击，这让他无法忍受，最终走向了犯罪的道路。

这件事情震惊了全国，后来经过专家分析，造成这个悲剧的原因是长期以来马加爵感情备受压抑所导致的。

马加爵是一名来自农村的学生，他非常聪明，曾经获得全国物理竞赛二等奖。他的父母希望自己的孩子快乐，但是他们之间却很少进行沟通。马加爵比较内向，上大学以后回家的次数很少，原因就是他希望自己能在假期里打一份零工。由于自己的家境贫寒，他经常受到其他同学的嘲讽，他的朋友也很少，长期以来的自卑心理和缺少爱的生活经历再加上沉闷的家庭氛围，让他的心理开始扭曲。有一次，当他鼓足了勇气向自己钦慕已久的女孩送了一封情书时，那个女孩竟然毫不留情地当面把那封信撕了个粉碎。这些都加剧了他人格的扭曲。

终于，在2004年年初，他所有的愤怒和屈辱都爆发了，几近疯狂的他把矛头指向了自己同窗四年的大学同学。消息传出后，父母无论如何也不敢相信，自己的孩子竟然亲手杀害了四名同学，这一次是五个家庭的悲剧。

这件事情在社会上引起了很大的反响，人们在经过一番讨论后，最终将造成马加爵悲剧的根本归结于他的生活中缺少爱或是没有爱。

有位名人说："爱是火热的友情，沉静的了解，相互信任，共同享受和彼此原谅。爱是不受时间、空间、条件、环境影响的忠实。爱是人们之间取长补短和承认对方的弱点。"

郭沫若说："春天没有花，人生没有爱，那还成个什么世界。"

而意大利作者艾得蒙多·德·亚米契斯在1886年写出了一部旷世之作《爱的教育》，在这本书中表达了种种令人为之动容的爱，他以一个三年级男孩的眼光审视着这个世界。这本书诞生的40年内就印刷了300多版，100多年来始终畅销不衰。翻译该书的夏丏尊曾说："教育之没有情感，没有爱，如同池塘没有水一样。没有水，就不成其池，没有爱就没有教育。"

无数现实告诉我们，对孩子进行爱的教育是一件极为严肃、也是极为重要的事情。父母必须让孩子明白什么是爱，让孩子对各种各样的爱都有一个正确的认识。例如母子之爱、兄弟姐妹之爱、友情、爱情以及对动植物的爱等。因为爱心是一个人不能缺少的美德，一个不知道爱心

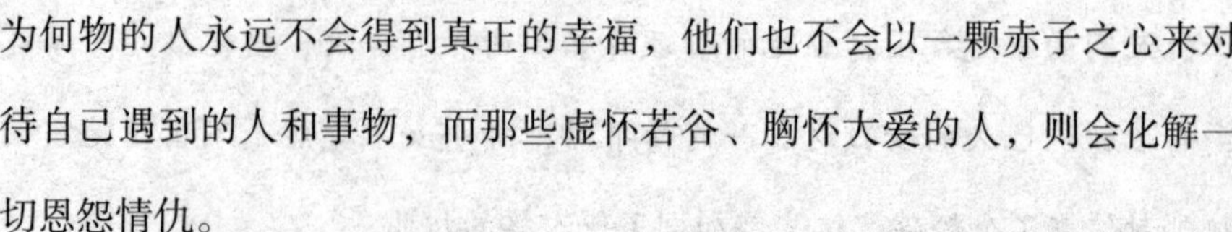

为何物的人永远不会得到真正的幸福，他们也不会以一颗赤子之心来对待自己遇到的人和事物，而那些虚怀若谷、胸怀大爱的人，则会化解一切恩怨情仇。

据说，在美国曾经发生过一起校园枪杀案，而在一名遇害教授的葬礼上，他的家人却原谅了凶手。这让所有在场的吊唁者大为吃惊，谁也没有想到他们会在这么短的时间里就原谅了凶手。一般来说，人们应该对凶手恨得咬牙切齿才是，可是被害人的家属却站在凶手家属的立场上考虑，想到他们现在也一定很痛苦，所以才向他们表达了自己最真诚的祝福。

爱与国界无关，爱与肤色无关，爱与语言无关，它就像冬日里的一抹阳光，能把人心温暖；爱是沙漠中的一汪清泉，能给人带来沁人心脾的甘甜；爱是阴云遮不住的一片晴空，能给人留一方希望的湛蓝。爱是一切力量的源泉。所以一定要加强对孩子的爱的教育。

我们不得不承认，现在我们所处的是一个浮躁的社会，外部环境直接或间接地影响了孩子的内心世界，使他们的感情变得冷漠，有的孩子甚至体会不到“崇高”、“感动”等一类词语的真正含义。另一方面，有的父母对“爱”的认识也存在着很大的误区，他们坚信“人不为己天诛地灭”，好像只要让孩子关心他人、帮助他人，孩子就会成为一个十足的“傻瓜”。其实不然，爱心是一个有魅力的人的必备条件。

因此，父母应该在孩子很小时就培养孩子的爱心，让孩子体会到生活因为有了爱才更加美丽，让他们体会到爱给人带来的快乐和满足，并学着以一颗爱心来对待别人。

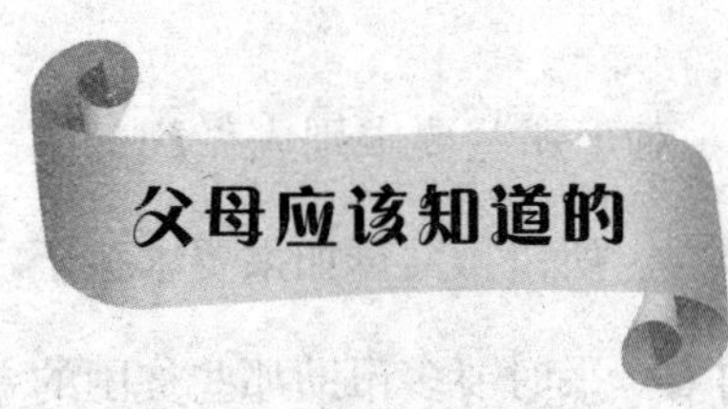

父母应该知道的

让孩子感受爱的真正含义不是一朝一夕就能做到的，父母千万不可急功近利，要巧妙地采取一些方法，才能达到目的。

1.恰如其分地表达对孩子的爱

父母不能专制地把自己的爱一股脑地倾泻给孩子，那是无视孩子是独立个体的表现，不仅不会引导孩子体会爱，还会适得其反。

在生活中，孩子会有很多需求，当他们有一种特别强烈的合理需求而自己又不能实现时，父母要及时地给予帮助。这样孩子才能逐渐地体会到爱的含义。

2.必不可少的交流

父母要多和孩子进行沟通，了解孩子的思想动态，并把自己的想法告诉孩子，让孩子知道自己是爱他的。

当然，与孩子进行沟通时不要正襟危坐，那样双方都会感到一种无形的压力。为了避免尴尬，父母可以和孩子一起玩游戏或是看电视，在这个过程中交换双方的观点。

3.用事实说话

事实证明，孩子对一些枯燥的说教很反感，而他们对一些具体的事例往往很感兴趣。父母可以通过给他们读一些有关爱心的童话故事，或者列举一些令人感动的人物的言行，也可以给他们讲一讲在抗震救灾中涌现出的先进事迹，从正面引导孩子要充满爱心。

4.以身作则，树立良好形象

人们常说“己所不欲，勿施于人”。对于那些要求别人做到的事情，自己首先也要做到，这样才能有说服力。所以，父母如果要求孩子有爱心，那么自己首先要做一个有爱心的人。平时要多帮助那些贫困的人，例如为希望工程和母亲水窖捐献财物等，以自己的爱心行动来感染孩子。

教孩子懂得感恩

中国有句古话叫做“滴水之恩，当涌泉相报”，有很多古代的仁人志士为了感谢他人的知遇之恩而赴汤蹈火、在所不辞。感恩是中华民族的传统美德，几千年来被一代又一代的人实践着。

每个人都应该常怀一颗感恩之心，只有这样才能发现生活中的美好。长存感恩之心的人，他的生活里处处充满阳光。他们能清楚地感受到来自他人的关怀，因而在面对挫折和坎坷的时候不会被轻易地打倒。有感恩之心的人会以一颗平和友善的心对待他人、尊重他人，因此也会得到更多人的信赖和尊重。

现在，许多孩子在父母不正确的教育下，变得任性骄横，以为自己受到他人的关心和爱护是理所当然的。他们对人非常冷漠，从来不会有感恩之心，加上社会上不良价值观的影响，孩子的心灵很容易扭曲。

2001年12月30日，一封来自西安某高校郭老师的来信打破了青海省乐都县某村村民陈某原本平静的生活。信中，郭老师要求陈某立即到西安来一趟。

陈某的大儿子小良在1997年顺利地成为该校电子自动化专业的一名学生。按理说今年小良就要毕业了，偏偏这个时候家里收到了班主任郭老师的信件，陈某心里感到很好奇，但还是连忙买了车票赶到了儿子所在的学校。

“您是包工头吗？您儿子是独生子吗？”郭老师诧异地问道。陈某被郭老师的问题给弄懵了。后来郭老师告诉陈某，小良在学校里自称是包工头的儿子，家里非常有钱，平时的衣着打扮也很入时。同学们都说小良花钱很大方，经常到网吧玩游戏，他的女朋友就是通过网络认识的。小良每月用于上网的钱就高达400元。

接着郭老师又把小良的成绩单拿给了陈某。小良第一年的考试成绩虽然不太好，但是还勉强能过关，后几年的成绩则惨不忍睹。而且，小良只在入学的第一年交了学费，后几年小良根本没有交给学校一分钱，学校财务处曾多次督促小良去注册，小良却从来不当一回事儿。

听完郭老师的介绍后陈某差点气昏过去，他悲愤地撸起袖子说：“我哪里是什么包工头啊，我给他的钱都是从这里来的。”陈某说自己在四年当中先后给儿子寄来了6.5万元，可是当时一个本科生，四年花费2.5万元就绰绰有余了。

郭老师被眼前的一幕惊呆了，虽然他看出来面前的这位朴实的中年男子不会是什么包工头，但是他万万没有想到小良的花费都是父亲卖血换来的。尽管如此，郭老师仍不得不把学校的最后决定告诉陈某，鉴于小良在学校的表现，学校已经将其当做自动退学处理了。陈某万万没有想到，此次的西安之行对他来说竟然如同灭顶之灾。

后来，记者历经千辛万苦在西部的一个小村庄里找到了陈某。记者了解到，原来小良上高中的钱就是父亲卖血换来的。由于小良是陈家的第一个大学生，所以父母感到很骄傲。接到大学的录取通知书时，小良高兴得又蹦又跳，后来经过所有亲戚朋友的拼凑才有了小良的学费。再后来，陈某就只好去卖血换钱了。

可是陈某夫妇发现，小良自从上大学后就变了，他不再喜欢和家里人来往了，甚至连过年也不回家。四年中，小良总共给家里寄来17封信，而每封信的主题不外乎是要钱，并且数目一次比一次大。陈某说，每次收到儿子的来信就无疑是收到了一张卖血通知书。刚开始只是陈某自己卖血，可是后来自己的身体越来越不行了，于是把老伴也拽入了卖血的队伍，不过老伴的身体更不好，每次卖的血也不多。他们卖血的时间也不固定，有时几个月卖一次，有时一个月卖一次，有时三天一次，有时一天一次，有时一天三次。这几年，他们老两口卖的血加起来足足有两汽油桶。卖血的钱都寄给了上大学的儿子，可是没有想到儿子却是这样在学校挥霍无度。老两口实在无法接受这个残酷的现实。

当记者回城后，在一家快餐厅里约见了小良。陪在小良身边的是他的女朋友，那姑娘看上去很漂亮。还没等记者提问，小良的情绪就有些失控了，他不顾周围诧异的目光说道："你们都是做父亲的人，如果你们的孩子也做出了像我这样的事情，你们会到电视台去说吗？我怎么遇到了一个这样残酷无情的父亲……"

"你看他的父亲长得多凶啊！"小良的女友不失时机地说道。

坐在对面的记者一时语塞，他没想到靠自己的鲜血为儿子换学费的陈某在儿子的眼中竟然是"冷酷无情"的。这次来见小良本是为了传达陈某老两口对儿子的思念，可是现在看来没那个必要了。记者倒吸了一口凉气，不知道该怎么形容眼前的这个年轻男子。为什么接受了十几年教育的大学生竟然没有一点感恩之心呢，那可是他的亲生父母啊！

也许小良的行为有些极端，并不是所有的孩子都像他那样。但现实中的确有不少孩子不懂得感恩，或者有的只是狭隘地对自己的父母有感

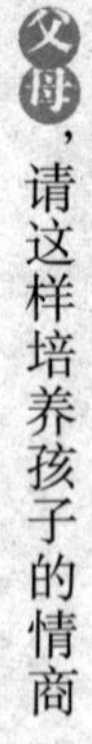

恩之心，这样的现状的确令人心寒。但这又不能全归责于孩子，父母也有很大一部分责任。每个孩子刚刚出生的时候都是一张无色的画布，他将来会变成一个什么样的人，完全取决于后天环境的影响。很多父母很少和孩子进行沟通，不知道孩子心里想的是什么，他们也没有对孩子进行情感的教育。如果父母们都非常重视感恩教育，那么这样的情况必然会日益减少。

父母应该知道的

一个不懂得感恩的人是非常可怕的，他们完全以自我为中心，不顾他人的感受。一个不懂得对孩子进行感恩教育的父母是可悲的。虽然天下父母对孩子的任何付出都是不求回报的，但是也不能因为这种“无私”而放任孩子丢掉“感恩之情”。教会孩子感恩，是教会孩子怎样珍惜来之不易的生活，是教会孩子怎样与他人和谐相处以及怎样善待他人。所以，父母们，请从现在开始对孩子实行感恩教育吧。当你对孩子付出你的爱时，不妨让孩子明白，爱需要双方共同维护，需要彼此的给予和收获。在对孩子进行感恩教育时，父母不妨从以下几点着手。

1.做懂得感恩的父母

我们都知道，近朱者赤，近墨者黑。有些孩子没有感恩之心，和父母的为人处世方式有很大关系。

据说从前有一个很刁钻的女人，她对自己的婆婆很不好，经常给婆婆吃一些残羹剩饭，有时还对婆婆恶语相加。有一次她问自己的儿子：

“等我老了，你让我吃什么啊？”

“我会给你吃很多剩稀饭。”

“为什么给娘吃那些东西啊？”

“因为你给奶奶吃的就是那些吗，人老了就要吃那些的。”

那个女人这才意识到自己的错误，原来儿子就是以母亲的言行为榜样的。于是女人当天就改变了对婆婆的态度。

像故事中的那个小孩一样，现在的孩子也是以父母的行为为参照的。有些父母对朋友很不真诚，他们只是一味地从朋友那里索取，从来不懂得付出，受到别人的帮助时很少表示真诚的感谢。于是，孩子也变得很冷漠。因此，在培养孩子的感恩之心时，父母首先要反省自己的言行，看看自己在哪些方面做得还不够，如果发现有问题一定要及时改正。

百善孝为先，要让孩子学会感恩，父母还应该孝敬老人。父母平常回家后要帮助老人做家务，如果有时间的话还要伴随老人出去散散步，和老人谈心，并告诉孩子，爷爷奶奶平常很辛苦，爸爸妈妈又忙于工作，没有给老人应有的照顾，因此回到家后应该多照顾爷爷奶奶。

另外，如果遇到了需要帮助的人，一定要及时地伸出自己温暖的双手。当自己受到他人的帮助后，也要表示真诚的感谢。

2.教孩子礼尚往来

虽然我们看不到也摸不到爱，但是我们能够感受到别人对自己的爱。因此，一定要将自己或者其他人对孩子的关爱及时地告诉孩子，爱是相互的，回报别人对自己的关爱是一种美德。

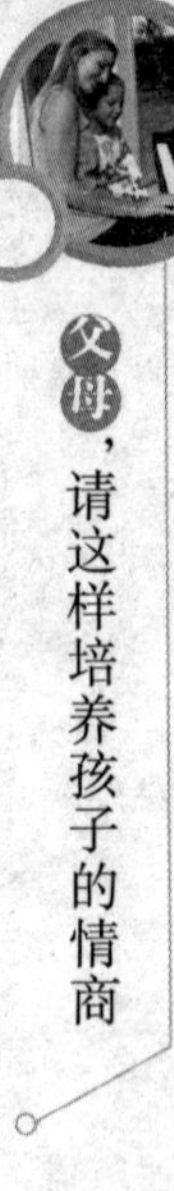

让孩子成为一个有爱心的人

一个不懂得爱为何物的人是可怜的。一个人有了爱，生活才能充满阳光，他才不会感到孤独。而爱心需要从小培养，这个重担就落在了父母的身上。无论是对事、对物还是对人，一旦孩子表现得很有爱心，父母都应给予表扬。

这是贝克第一次跟随父亲出来打猎，他带着手套，显得非常笨拙。两个人一起携手走进严冬的森林，贝克也是第一次感觉到没有小窝棚的舒适、煤油炉的温暖、咸肉和咖啡的诱人气味是怎样的滋味。他们身处在呼出的气体立即变成白色的蒸汽的冷空气里，眼前是一望无垠的沼泽、水面和天空。要是在平时，他肯定要求拍照下来，但是今天是个特别的日子。

父亲问道："准备好了吗，孩子？"贝克急忙点点头，并把枪捡起来。因为今天是他第一次打猎的日子，所以11岁的贝克还是有一些紧张的。

其实，贝克并不喜欢打猎。从父亲给他买了猎枪，教他用靶子射击的时候，他就不喜欢。但是他非常爱他的父亲，虽然心里极其不情愿，也还是答应了随父亲来海湾小岛打猎，因为他想要得到父亲的表扬，并且他很期望得到父亲的表扬。

来到面海的埋伏点，里面很窄，只放得下一张长凳和一个弹药架。

父亲看着贝克说："装上子弹吧，准备着，它们可能会一下子就飞到你的头顶上。"父子俩很熟练地给枪装上子弹，然后等待着猎物。

贝克看到一群大雁正在朝他们飞来，他心里祈祷着："不要来，大雁，都不要飞过来。"

父亲低声说："准备，来了。"

贝克用平时训练时的姿势端起枪，准备射击。

这时，大雁群发现有人，就乘着气流，纷纷四散飞走了，一下子飞得无影无踪。贝克想扣扳机，但最终还是没有扣动。

父亲问他为什么不打。贝克不敢看父亲的眼睛，默不作声。贝克关上保险，把枪小心地放在角落里。"它们是活的，为什么要杀死它们。"说着便哭了起来。

父亲什么也没说。过了好一阵子，他走到贝克身边，说："又来了一群，试试看吧。"

贝克没有用手来接父亲递给他的东西，因为贝克实在是不愿意开枪打那些大雁。

"快点，来，不然它就飞走了。"

贝克感觉父亲递过来的是一件硬东西，一看才知道不是枪，而是照相机。

"快，它们不会一直在那里停的。"父亲说。

贝克的父亲大声拍手，惊得那群大雁抬头振翅飞去。

"我拍到它了！"贝克高兴地喊着。

"很棒！"父亲拍拍贝克的肩膀。贝克发现他竟然得到了父亲的表扬。

面对儿子不忍心伤害大雁的爱心，贝克的父亲表示理解和支持，因此他对儿子进行了表扬，而并未对儿子扰乱了自己的打猎计划进行指责。这位父亲用实际行动给儿子上了一堂绝妙的爱心课。其实，作为父母，不仅仅是教孩子要爱护一切生灵，还要教会孩子在日常生活中多向他人伸出援手。

小鹏的妈妈是一个很细心的人，她也很乐于助人。一次偶然的机会，他发现儿子的同学小亮的家庭条件不太好，很多孩子都不愿意和小亮玩，他们还会想出各种办法捉弄小亮。于是她想帮帮这个孩子，如果儿子的同学们都能够友好地相处，也有利于自己孩子的身心健康。于是，她抱着这个想法找到儿子的班主任。

老师说："我也很为这个孩子头痛。这个孩子一个真正的朋友也没有，这是他目前最让人棘手的问题。据我观看，您的儿子小鹏是一个很有爱心的人，不然这样吧，您看能不能试着让您的孩子第一个帮助他呢？"小鹏的妈妈恍然大悟。

吃晚饭的时候，妈妈跟小鹏说："宝贝儿，开家长会的时候，我听班主任说现在有一个人非常痛苦，因为他连一个朋友也没有。其实他是一个很好的孩子，他特别想和班里的同学一起玩。你想不想和他交朋友呢？"小鹏很愉快地同意了妈妈的建议。

第二天，他主动找到小亮，和他一起聊天做游戏，不久之后，其他同学也加入到了和小亮玩耍的队伍中来，再也没有谁欺负小亮了。小亮知道这些都多亏了小鹏，不然的话，现在的自己肯定还是孤家寡人，没有谁愿意和自己玩耍。于是，他向小鹏表达了自己最真诚的感谢，当小鹏听到小亮感谢的话时，感到非常幸福。

从上面的故事我们可以知道，爱心的力量是非常强大的。爱心并非无源之水，无花之果，要培养孩子有爱心少不了父母的引导。父母要找一些条件激发孩子潜在的爱心，让孩子走出个人的小圈子，主动地去关心他人，帮助他人。在这个过程中，孩子也会感受到帮助别人所带来的快乐和对自我的肯定。这就是所谓的赠人玫瑰，手有余香。

人们常说，如果要给别人一杯水，自己就得有一桶水。父母在培养孩子的爱心时也同样如此，要想让孩子成为一个有爱心的人，父母首先应该用爱心对待周围的人和事物，这样才能发现孩子身上更多的优点，而且要多表扬孩子，让孩子的心里充满阳光。

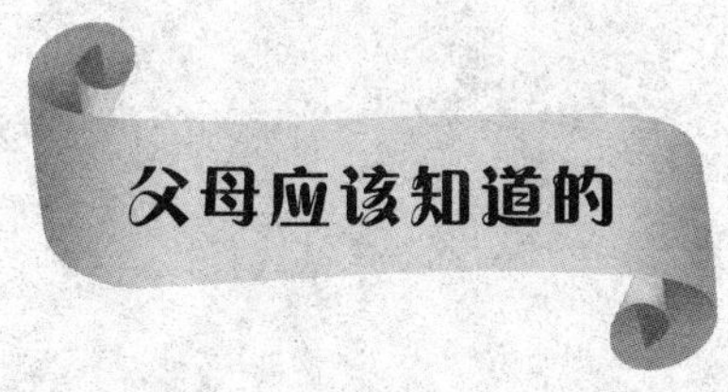

冰冻三尺，非一日之寒。培养孩子的爱心时不可急于求成，父母从小要给孩子播下爱心的种子，这有百利而无一害。

1.从细微处着手培养孩子的爱心

人是环境的产物。一个人的性格和他所处的家庭环境有着密切的关系。如果父母经常用暴力解决家庭生活中的一些事情，那么这个孩子在长大以后很有可能成为一个暴力分子。所以在日常生活中，父母一定要注意自己的言谈举止，并在一些细小的事情上引导、培养孩子的爱心。

2.多带领孩子参加一些公益活动

光说不练是不行的，要想培养孩子的爱心，还要让孩子参加一系列的活动，让孩子亲身体验爱心带来的快乐。不要一味地让孩子参加一些五花八门的辅导班，还应抽出一些时间陪孩子一起去敬老院、聋哑学校等地方，给老人和孩子带去礼物，陪他们聊天，帮他们做一些清洁工作，或是给他们唱歌等。这些活动对培养孩子的爱心都大有裨益。

3.让孩子爱动物

带领孩子逛街的时候，如果迎面有一个牵着小狗的人走过来，很多孩子都会情不自禁地俯下身去抚摸可爱的小狗。不过也有一些爱搞恶作剧的孩子，他们喜欢把小动物扔来扔去，这是一种缺少爱心的表现。用小动物来启迪孩子的爱心是很多父母惯用的手法，也是一种行之有效的方法。

教育孩子有孝心

中国有句话叫做“百善孝为先”，可见孝顺父母是每个人必备的品质。而这种孝心也不是说有就有的，它也需要从小培养。为人父母者，可以不期待孩子给自己养老，但是却一定要对孩子进行孝心教育。没有孝心的孩子也不会对他人表现出应有的尊重，也不会得到他人的尊重。所以，孝顺父母、尊重长辈是每个孩子的必修课。

由于种种原因，现在的不少孩子根本体会不到父母的艰辛，他们又怎么能意识到要回报父母呢？他们总是向父母提出各种各样的要求，也不管父母能不能满足。稍有不顺，他们就会大发脾气，有时甚至会觉得父母无能。可是父母为了养育孩子，却倾注了自己全部的心血。对于父母来说，孩子就是他们的一切，没有什么能比让孩子生活得幸福快乐更重要。可是有很多人却从来不曾顾及父母的感受，他们没有感恩之心，而更让人无法接受的是，这种现象竟然会在接受了高等教育的大学生中间出现。

媒体曾经报道过这样一件事：

一名大学生把从老家赶来看望自己的母亲拒绝在校门之外。

记者采访了目睹这一过程的一位大学老师。老师说，他现在正在教这位大学生的高等数学。这位学生是学校里的贫困生，他的学习成绩很好，但平时很少和其他同学交流。这一天，老师正好有事要外出，却

在校门口看见这位学生和一名农村妇女争吵。于是他悄悄地站在了不远处观察，后来从两个人的谈话中得知农村妇女就是这位学生的母亲。因为孩子春节没有回老家，所以母亲趁着端午节来看他，并且还带来了一大篮粽子。可是母亲的到来非但没有给孩子带来惊喜，反而让他感到不快，确切地说已经惹怒了他。他觉得衣着破旧的母亲会给自己丢脸，于是坚决不让母亲进校园。万般无奈的母亲和儿子僵持了有十多分钟，不得已决定转身离去。当时，母亲还小心地问孩子要不要把粽子留下来，可是儿子却说："你快走吧，现在谁还吃这个啊！"

愤怒的老师走上前去狠狠地批评了那位学生，可是他却装作没听见一样，扭头回去了。

接受了十几年教育的大学生竟然做出这样的事情，让人感到很心寒。其实父母要求孩子做的并不多，他们只希望孩子能够体谅自己的良苦用心就好了。可是为什么孩子的举动却一次又一次让父母伤心呢？

其实发生这样的事情和父母的教育方式也有一定的关系。很多父母为了让孩子考一个理想的大学不遗余力，孩子也认为自己良好的学习成绩就是对父母最好的报答，他们可以凭此从父母那里得到自己想要的东西。于是，就导致了很多孩子缺少应有的孝心，他们不能体谅父母的艰辛。

父母应该知道的

据说松下公司在招聘员工的时候曾经问过这样一个问题："你为

你的母亲洗过脚吗？”大部分人都给出了否定的回答，于是公司要求这些人回家给母亲洗一次脚后再重新回来应聘。有人问，一个员工是否合格与这个有关吗？对此，松下公司给出了一个明确的回答：“如果一个人连自己的母亲都不爱，你还能指望他去热爱自己所在的企业吗？”是的，是否有孝心是衡量一个人的重要标尺。只有孩子有了起码的孝心，才能真正担负起国家和社会赋予他的重任。

那么，究竟怎样培养孩子的孝心呢？父母们不妨尝试以下几种方法：

1.随风潜入夜，润物细无声

有一个小女孩非常任性，整天要求妈妈给她买这个、买那个，她从来不问妈妈累不累。不过这位年轻的妈妈很聪明，她没有一味地指责孩子做得不对，而是盘算着应该用怎样的方式来恰如其分地教育孩子。

回家后，她把自己的想法告诉了孩子的爸爸。爸爸灵光一闪，忽然想起了同事谈起的一部名为《暖春》的影片。据说这是一部《妈妈再爱我一次》之后的最煽情的影片，于是第二个星期天他就从外面带回了这部电影的光碟，全家人守着电视机津津有味地看起来。这时，爸爸才体会到这部影片动人心魄的震撼力，不知道从什么时候起，自己的眼角已经悄悄地湿润了，再看看一旁的妻子和女儿，早已经泣不成声了。看完影片后，女儿还是不能抑制自己的感情，她跟爸爸妈妈说：“我以后一定会像电影里的小花那样，做一个好孩子。”

有时候父母过激的言行可能会导致事态的恶化，因此不妨另辟蹊径，让孩子通过影视剧或一些真实事例去感受和纠正自己的行为。

2.以身作则，成为孩子学习孝道的榜样

诚诚一家住在市区，爸爸妈妈忙于工作，所以不能陪在爷爷奶奶的

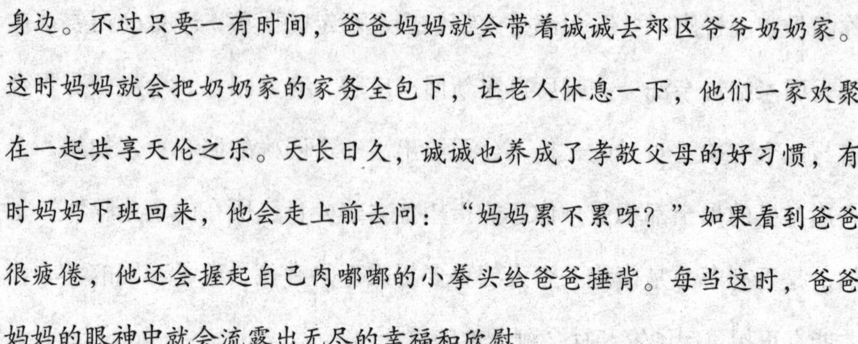

身边。不过只要一有时间，爸爸妈妈就会带着诚诚去郊区爷爷奶奶家。这时妈妈就会把奶奶家的家务全包下，让老人休息一下，他们一家欢聚在一起共享天伦之乐。天长日久，诚诚也养成了孝敬父母的好习惯，有时妈妈下班回来，他会走上前去问："妈妈累不累呀？"如果看到爸爸很疲倦，他还会握起自己肉嘟嘟的小拳头给爸爸捶背。每当这时，爸爸妈妈的眼神中就会流露出无尽的幸福和欣慰。

正如一句古语所说："孝顺还生孝顺子，恶人自有恶人磨。"父母是孩子最早的老师，父母的言行将会对孩子的成长产生深远的影响。所以，要想把孩子培养成一个有孝心的人，父母首先就应该以身作则，成为孝顺老人的模范。

3.让孩子了解父母的艰辛

晓琳给儿子规定，每个月逢六的日期，她都不会给孩子提供零用钱。如果孩子想要零花钱，必须做一些妈妈分配的任务。有一次，儿子壮壮看上了一款玩具小汽车，可是妈妈却拒绝提供零用钱。于是他不得不从早上就开始干活，一直做到快中午的时候才算大功告成。当他高高兴兴地抱着小汽车回家时不禁感叹："原来挣钱这么辛苦啊，我以后一定不会乱花钱了，一定不惹妈妈生气了。"

有些父母总怕把孩子累着，因此不让他们做任何家务事，其实这样做很不好。在日常生活中，要让孩子参加到做家务的活动中来，让孩子体会生活的艰辛。不妨让孩子学着洗碗、洗自己的小衣服等，这样孩子就会珍惜父母的劳动成果。当然也不能把孩子当成苦力使用，只要让他们体会到生活的不容易就可以了。

另外，不妨把自己的工作情况和收入情况告诉孩子，让孩子知道父母挣钱很不容易，这样孩子就会珍惜现在的生活，而不是毫无顾忌地向父母提出一些不符合实际的要求。

4.给孩子制订一些家规

俗话说，“无规矩，不成方圆”。在培养孩子孝心的过程中，父母不妨制订出一些家规，让孩子按照家规的要求去做，慢慢养成好的行为习惯。例如，不要惹爸爸妈妈生气、不要随便发脾气，要关心父母、体贴父母、尊敬父母等。

不失时机地对孩子进行“爱情”教育

早恋这个话题已经是老生常谈了，但是今天我们还得再次把它提起。由于物质生活条件的不断提高，青少年的身体发育期已经在逐渐地提前。孩子在进入青春期以后，生理和心理都会发生一系列的变化。他们开始注意自己的仪表装束，男孩子都希望自己更加帅气，而女孩子则希望自己更加漂亮。这时，有很多孩子还会产生一些焦虑、抑郁的情绪，他们迫切希望有一个情感的宣泄口。同时，他们也希望能够得到异性的关注。可是这些孩子却经常错误地把对同学的这种好感当做爱情，于是他们无心学习，从而导致了学习成绩的下降。如果早恋的一方在一段时间后选择了离开，另一方则可能会痛不欲生。孩子们正值人生观和世界观的确立时期，还不能找到一个合理有效的方法排解心中的苦闷，有些在感情上遭遇挫折的孩子很容易由于一时冲动而犯下不可弥补的过错。

2002年，一名16岁的少年手持棍棒进入了一座高楼。这名少年从四楼开始，每到一层就用棍子把楼道玻璃砸碎，并把头探出窗外往下目测高度。等到他到达23层的时候，大喊一声跳了下去。这一事件震惊了周围的居民，后来人们才知道这背后还有一个故事。

原来，这名跳楼少年生前曾和另外一名同学因为争夺一位女孩而大打出手，在打斗的过程中，他用事先准备好的刀子捅了那个同学四刀。

看着倒在血泊中的同学，他才知道自己已经闯下了大祸，于是发生了震惊世人的跳楼事件。

2003年9月26日傍晚，沈阳市某医院接到了一个急救电话。一名高二男生用玻璃碎片扎破了自己的胸口，经过医生初步鉴定，情况非常危急，男生的心脏已经有了一个长达1.5厘米的伤口。人们感到特别困惑，为什么一个花季男孩竟然会走上这样的不归路呢?

据男孩的同学说，自杀的男生和班里的一个女生是一对恋人，以前他们两个人的关系非常好，经常出双入对。可是前不久，女孩提出了分手，男孩死活不答应，为了这事，有一次两人还在班里借故吵了起来。可是最终，女孩还是离开了他。男孩因为无法承受失恋的打击而走上了自杀的道路。

16岁的婷婷本来是一个开朗乐观、乖巧聪明的女孩，可是从初二下半学期开始，她好像忽然变了一个人，上课无法集中注意力，总是一个人发呆，因此她的学习成绩开始直线下滑。等到暑假过后，人们发现婷婷好像突然憔悴了很多。她甚至不敢再抬头走路，每次同学在校园中遇到她的时候，她都会匆匆逃离。老师也对婷婷的变化感到特别吃惊，但是又想不出问题到底出在哪里。

其实，这个秘密只有婷婷自己知道。婷婷升入初中以后就发现了自己身体的变化，她也更喜欢和班里一个帅气的男孩在一起玩耍。后来她偶然认识了一个叫小南的帅气十足的男生，两个人互生好感，而且抑制不住自己的好奇心而偷尝了禁果。可是由于二人都没有必要的性知识，导致婷婷意外怀孕。这件事情给婷婷的身心造成了很大的伤害，忽然之间，她觉得自己成了一个十恶不赦的坏女孩，再也不敢和同学们一起谈天说地。手术时的恐惧像一个幽灵一样围在她的身边不肯离去，温暖的阳光就这样从婷婷的世界里消失了。

像这样的悲剧屡见不鲜，人们无不为一时失足的孩子而感到扼腕叹息。可是既然事情已经发生了，谁也没有能力再去改变。选择自杀的孩子当然也知道生命的珍贵，可是他们就是无法控制自己的行为。即使有很多孩子还没有走上轻生的道路，但是他们也无法接纳已经造成的伤害。谁也不知道在将来还会有多少这样的悲剧发生。其实，只要父母能够细心地留意孩子的变化，再用恰当的方式处理孩子遇到的情感问题，那么很多悲剧实际上都可以避免。

真诚的沟通远比严厉刻板的说教更有说服力。让孩子自己思考、自己解决人生的重大问题，就是父母给予忠告的最佳效果。

一位中国小女孩因父母工作调动而转学到一家德国小学读书，她是该校同学们当中第一个有着黄皮肤、黑头发的孩子，因此，受到全校同学的关注。不久，一位只有9岁的德国男孩宣称爱上了她。

在德国，这种事情很常见，可这位中国小女孩却并不像德国小姑娘表现得那么得意，相反她对此十分生气。她一再拒绝小男孩的靠近，可是那位德国小男孩却十分坦然，而且找一切机会接近她。

一次，小女孩生病几天没有来学校，德国小男孩居然在班里大哭大闹，并且说，如果女孩不来上课，他也无法继续上课，他要回家了。

男孩回到家里后，对父母说自己要跟一个中国女孩结婚。男孩的父母并没有像中国父母那样教训或指责儿子，他们一点也不感到惊讶。男孩的母亲还说："很好！不过结婚需要很多东西，要买房子、车子、婚纱、戒指……这些要花好多的钱。你想跟自己心爱的姑娘结婚，给她幸福，那么，就必须提高自己的能力挣足够多的钱，然后才能同那个姑娘结婚。”男孩听得十分认真，他认为母亲的话说得非常有道理，从此以后开始努力学习。

9岁孩子的爱情也许根本算不上什么爱情，那只是一种欣赏的好感，是一种与异性交往的渴望。对于这种情况，父母应该用高明的方式去处理，而不是去教训。正确的引导会让孩子更加积极地面对人生。就像故事中的男孩母亲那样，少一些指责，多一些鼓励，并且为他指明正确的方向，而这种方向的指明并不是说教式的，而是巧妙的指引，让孩子自己去寻找方向，从而与异性建立自然的、友爱的关系。

父母应该知道的

其实，孩子进入青春期以后对异性产生好感是很正常的，父母大可不必大惊小怪。孩子迟早都要和异性组成家庭，爱情是人类最美丽的感情之一，不必避讳和孩子谈论爱情。即使你不跟孩子交流，他们也会从各种各样的影视剧中学到关于爱情的事情。与其让孩子自己参悟，还不如及时给他们正确的引导，这样就能让孩子少走弯路。

对于孩子的早恋倾向，不能采取强硬措施去制止，而要用合理的方法，让他们明白爱情并不是两个人简简单单的喜欢，因为他们要担负起很多责任，而对于青春期的他们来说，还不具备这样的条件。要让孩子明白，现在的他（她）还不能很好地处理好这些复杂的感情问题。

1.做孩子的知心朋友

要想了解孩子，首先要成为孩子的知己。有些父母生怕自己在孩子跟前没有威信，所以和孩子交流的时候总是正襟危坐。这会让孩子感到很不安，在孩子的眼中，父母是高高在上、不可侵犯的，因此在无形之中就拉开了两者的关系，孩子不愿意把自己的心事告诉父母，当他们遇到感情上的困惑时，也不会向父母求助，而是把它们深深地埋藏在心底，这样一来，父母就无从得知孩子的思想动态，即使孩子已经早恋了，父母很有可能还丝毫不知情。所以父母应该放下架子，经常和孩子进行情感上的沟通和交流，有时候也不妨开一些无伤大雅的玩笑。当孩子把你当做知心朋友时，你会发现他们很愿意把自己的心事和你分享。这时如果孩子有了早恋的苗头，你也能及时发现并采取有效的措施。

2.对成绩好的孩子不能掉以轻心

有的父母觉得自己的孩子学习成绩很好，根本不必担心孩子会早恋。这是一种错误的想法。一般来说，那些成绩好的孩子比较早熟，他们也容易受到同龄人的追捧，因此这些孩子更容易陷入早恋的漩涡。父母更不能掉以轻心，而应加以悉心的关注和疏导。

3.夫妻之间和睦相处，做孩子的爱情榜样

孩子的爱情观念会受到父母的影响。很多夫妻在谈恋爱的时候非常细心，他们小心翼翼地维护着得之不易的爱情，可是婚后两个人的相处方式就发生了很大的变化。尤其有了孩子以后，两个人更是把精力放在了培养孩子上，因此夫妻的感情就会渐渐地降温，时不时地发生口角。这种做法会给孩子造成极大的负面影响。爱情是需要呵护的，即使结婚以后，也不能让一些琐事完全占据了夫妻的感情世界。不管什么时候，夫妻双方都应该竭尽全力相互关爱、照顾，应该以一种虔诚的心态对待爱情，这样孩子也会明白，对待爱情的时候需要拿出百倍的认真，还要担负起应有的责任。

4.让孩子多读一些名著

有人说，现在已经是一个读图时代，和厚厚的图书相比，现在的孩子宁愿去看一些由文学作品改编而来的影视剧。但是人们必须得承认，有些影视剧还能尊重原著，可是有的就被一些导演拍得面目全非了。这大大损害了文学作品的魅力，同时也不利于孩子更好地发挥自己的想象力。因此，父母应该鼓励孩子多读一些名著，因为名著中有很多关于爱情的描写，能让孩子对爱情有更深刻的认识。

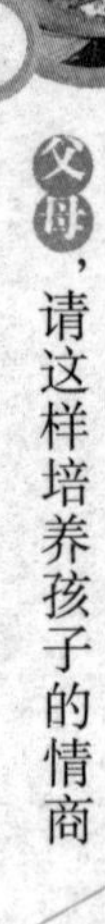

让孩子懂得珍惜友情

人离不开朋友，就像鱼离不开水，孩子同样需要朋友。应教给孩子懂得珍惜友情，只有珍惜友情，才能使友情长久，才能使漫漫人生路中多一些人相伴。

父母是孩子的守护神，但父母却不可能陪同孩子走完全部人生路。所以，在孩子还小的时候，就要教给他善待身边的朋友，珍惜美好的友情。

这是一个发生在越南一所孤儿院里的真实故事。

那是一个战火纷飞的年代，每天都会有大量的人员在飞机的狂轰滥炸下丧生。有一天，一颗炸弹忽然从天而降，落在了一所孤儿院里。很多孩子当场死亡，还有几个孩子受伤了，而那些侥幸存活的孩子被眼前的情景吓晕了。他们躲在一个小角落里，用无比惊恐的眼睛打量着一片狼藉的家园。

不久之后，一个国际医疗救援小组迅速赶到了这里，不过这个医疗小组只有三个人，一个主治医生外加两个年轻的护士。医生很快为所有的伤者检查了一遍。其中有一个小女孩伤得特别严重，因为伤口过大，小女孩已经流了很多血，现在必须马上给小女孩输血，否则就有生命危险。但是，这个医疗小组并没有随身携带血浆，现在唯一的办法就是就地取材。医生以最快的速度为其他人验了血型，幸运的是，有几个小孩子的血型和小女孩的血型相符。可是又一个难题摆在了医生的面前，他只会说一些非常简单的越南语，而孤儿院的工作人员和孩子们只懂得越南语，究竟该怎么让这些孩子明白他的意图呢？

事情已经迫在眉睫了，于是医生用自己会说的非常少的越南语，再加上一些动作，想让孩子们明白：你们的朋友现在伤得很重，她需要你们身上的血，否则就会死去。医生累得满头大汗，最后这些孩子终于点了点头，他们好像明白了医生所说的话，不过他们的眼睛里却流露出了让人心疼的恐惧。

医生睁着双眼，等待孩子们勇敢地站出来，可是这几个孩子却陷入了沉默，竟然没有一个人愿意献出自己的血液。医生这时不知所措了，他不明白，为什么这些孩子不肯救自己的朋友。他再一次感受到了自己的渺小，难道真的要眼睁睁地看着这个小女孩走向死亡？医生的心头掠过了一丝失望。

这时，忽然有一只胖乎乎的小手慢慢地举了起来，可是后来这只小手又缓缓地放下了。过了很久，这只小手又举了起来，并且没有再放下的意思。

医生喜出望外，终于有一个孩子肯献血了。于是医生把这个孩子带到了临时搭建的手术室里并将其抱上床，不过小男孩看上去还是很紧张。医生让小男孩闭上眼睛，然后以娴熟的技术把针头扎进了小男孩胳膊的血管里。小男孩看着自己的血液一点点地被抽出体外，他紧紧地咬着嘴唇，不一会儿，眼泪就止不住地往外流淌。他强烈地压制自己，不让身体颤抖。医生连忙用自己仅会说的几个单词问小男孩，是不是自己把他弄疼了，小男孩咬着嘴唇摇了摇头，可是他却哭得更厉害了。医生

一时乱了阵脚，他不知道问题到底出在了哪里？为什么小男孩一直在哭呢？

这时，恰好一名越南护士来到孤儿院，这位护士懂得外语，于是医生把这些情况告诉了这位护士。只见护士俯下身子跟手术床上的小男孩说了几句话，奇怪的是小男孩竟然破涕为笑了。

原来小男孩把医生的话理解错了，他以为必须抽光自己的血液才能把那个小女孩救活，他想到自己马上就要死了，再也不能和小伙伴们一起玩耍了，于是忍不住哭了出来。医生终于明白这些孩子为什么不愿意献血了，可是更让他感到困惑的是，男孩既然认为自己献血后会死去，为什么他仍然坚持要献血呢。孩子的回答非常简洁："因为她是我的朋友。"

这是一个懂得珍惜友情的孩子，为了自己的朋友，他宁愿牺牲自己的生命。当然，并非只有用生命才能换来友情，用真心亦可换取。珍惜友情就是善待朋友，更是善待自己。

父母应该知道的

有很多人遇到困难的时候，最先想到的就是自己的朋友。当然朋友也有很多种，有志同道合的朋友，也有阳奉阴违的朋友，有患难之交，也有酒肉朋友。

所以，父母要教会孩子明白什么样的朋友才可以交，要让孩子从小明白友情的真正含义，让孩子珍惜自己身边的朋友，这也有利于孩子的健康成长。

1.让孩子明白什么是真正的友情

由于社会经验不足，孩子分辨是非的能力也不强，在交朋友的时候，他们无法分辨哪些才是真正的友情，所以父母一定要给予正确的引导。例如有些爱要小聪明的孩子在参加考试的时候往往把希望寄托在自己的好朋友身上，他们迫切希望自己的朋友能够在考场上拉自己一把，一旦得不到帮助，就会拿两个人的友情做托词。如果孩子遇到了类似的情况，父母一定要及时地和孩子沟通，并且要斩钉截铁地告诉他，如果真的这样做了，非但帮不了自己的朋友，还会给友情带来严重的不良影响。

2.让孩子和不同的人交往

要想和别人成为朋友，就要走出自己生活的小圈子，所以父母要鼓励孩子多和不同的人交往。只有了解了别人，才有可能和他们成为朋友。要让孩子尽可能多地发现别人身上的闪光点。在这个过程中，孩子就会逐渐地掌握与人相处的方法。

3.应尊重孩子的朋友

人们都有自己的社交圈，孩子也不例外，在很小的时候，他们就已经开始建立自己的小圈子了，他们的玩伴就是圈子里面的成员。这是一种适应社会生活的表现，父母应认识到孩子交友的必要性，支持孩子，并尊重孩子的朋友。

珊珊是一个性格开朗热情的孩子，有许多好朋友。生日那天，朋友们都来为她庆祝。大家自己烧饭做菜，忙得不亦乐乎，玩得十分开心。

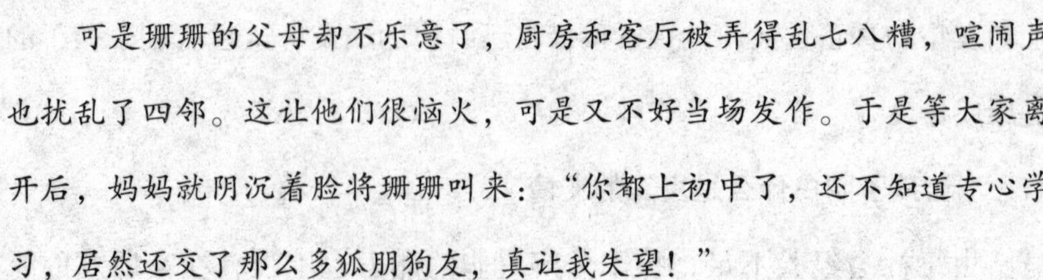

可是珊珊的父母却不乐意了，厨房和客厅被弄得乱七八糟，喧闹声也扰乱了四邻。这让他们很恼火，可是又不好当场发作。于是等大家离开后，妈妈就阴沉着脸将珊珊叫来："你都上初中了，还不知道专心学习，居然还交了那么多狐朋狗友，真让我失望！"

珊珊虽然早就看出妈妈不高兴了，可是却没有想到她将自己的朋友说得如此不堪，于是生气地反驳道："您怎么可以这样说话呢？难道您没有朋友吗？难道您不会到朋友家去玩吗？"

妈妈说："你是女孩子，怎么交的朋友里有那么多男孩子？吵吵嚷嚷的，还把家里弄得乱糟糟的，真是烦死人了！"

做父母的这样看待孩子的朋友显然是不妥当的。

父母希望孩子能够专心学业，担心孩子交到坏朋友会学坏，这一点本无可厚非。因此适当的引导孩子是没有错的，可是横加指责就只会加重孩子的逆反心理，效果往往适得其反。父母应该懂得如何去尊重孩子，尊重孩子的朋友也是对孩子的尊重。

4.教孩子坦诚对待朋友

彼此信任和真诚是建立真正友谊的基础条件。父母一定要教会孩子，不管别人怎么对待自己，都要以一颗真诚的心去感化对方，永远不要利用朋友对自己的信任，而当朋友犯错的时候一定要及时指出。

第四章

关注性格培养，好性格能带给孩子好运气

性格决定成败。孩子拥有什么样的性格决定了他（她）将会拥有什么样的命运，只有敢于主宰自己命运的人才会成为真正的成功者。良好的性格有着巨大的力量。当孩子拥有良好性格的时候，那就意味着他（她）已经为自己的成功之路奠定了坚实的基础。

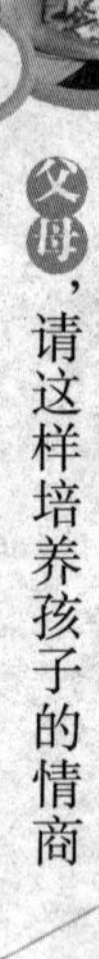

你的孩子有性格缺陷吗

王玲的学习成绩很好，平时又喜欢看一些课外读物，有时候诗兴大发，还会作上几首不错的小诗，因此，她当之无愧地成为班里的语文课代表。不过王玲有一个缺点：她很敏感。

不知道是文学作品读多了还是本性使然，王玲总是一副心事重重的样子。有时候，同学无意说的一句玩笑话她也会思考半天，想不通的时候还会一个人生闷气。一旦有谁的话触碰到她的“软肋”，她就会怒不可遏，不问青红皂白，对对方横加指责。

有一次，有几个同学的语文作业没有按时完成，语文老师在班上批评了那几个同学，最后又顺口说了一句“课代表要切实地负起责任”。没想到，老师的最后一句话竟让王玲特别生气，下课后她怒气冲冲地找到语文老师说：“我到底哪里做得不好？您说那些话究竟是什么意思？”王玲的举动让老师感到非常吃惊，她万万没有想到这个小姑娘会这么愤怒。

很多同学都说王玲的脾气很古怪，她看上去很安静，可是不知什么时候就会向身边的人发起攻击，因为她总觉得别人说的话办的事都是针对她的，任凭同学怎么解释她也不相信，因此很多同学越来越不愿意和她在一起玩耍、学习了。同学们越是这样做，她心里就越不平衡，时间久了，就形成了恶性循环。她也变得越来越多疑、敏感。

孩子过分的敏感将会给他们的学习和生活带来很大危害，因为他们总以为别人说的任何事情都与自己有关，自己越想和某些事情拉开距离，就越被其所困扰。这样的情况令人很担忧。

父母应该知道的

很多父母有感于生存的压力和竞争，而不惜财力、物力开发孩子的智力，希望他们以后生活得更加美好。在这种情况下，孩子的智力确实得到了长足的开发，但是另一方面，孩子的性格缺陷却越来越多。

一般情况下，孩子的性格缺陷大致有以下几种情况：

1.强烈的自卑心理

有些孩子非常自卑，觉得自己做不好任何事情，还没有开始行动就先把自己否定了，在困难面前很容易退缩。造成自卑心理的因素是多方面的。

小刚的父母都是老实本分的人，夫妻二人齐心协力地打理着一家小餐馆。他们家算不上特别富裕，但是日子过得还算可以。小刚也是一个很懂事的孩子，他的学习成绩也不错，可是这个孩子就是不太喜欢说话。小刚凭借着自己优异的成绩考上了一所口碑不错的学校，可是班里的好几个同学都是通过关系才进来的，这些同学的家境都很不错。尤其是小刚的同桌菲菲，总是对小刚冷嘲热讽。从此以后，小刚总觉得低人一等，一种强烈的自卑感笼罩在他的心头。

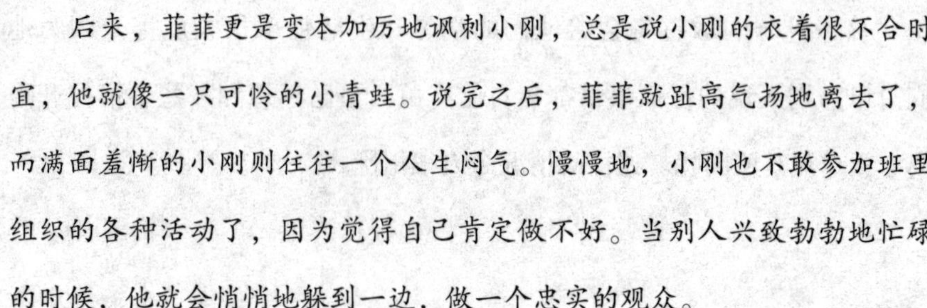

后来，菲菲更是变本加厉地讽刺小刚，总是说小刚的衣着很不合时宜，他就像一只可怜的小青蛙。说完之后，菲菲就趾高气扬地离去了，而满面羞惭的小刚则往往一个人生闷气。慢慢地，小刚也不敢参加班里组织的各种活动了，因为觉得自己肯定做不好。当别人兴致勃勃地忙碌的时候，他就会悄悄地躲到一边，做一个忠实的观众。

故事中的小刚已经产生了自卑心理。因为同学的讽刺，使得他自己也认为自己不如人，只是他没有好好想想尽管自己家境一般，比不过某些同学，但是自己的成绩却比他们强。小刚就是因为没有看到自己的优势，同时对物质方面缺乏正确的认识，才产生了严重的自卑心理。

2. 优柔寡断

很多孩子做事的时候总是前怕狼后怕虎，关键的时候拿不定主意，说得好听一点是他考虑周密，但是事实已经告诉我们，很多机遇就是在人的犹豫中从指间流逝的。孩子的这种缺点和父母没有进行及时的指导有很大关系。

3. 独来独往，游离在主体之外

人们把喜欢独来独往的性格称为孤僻、不合群。孩子的孤僻和他的生活环境有很大关系，家庭的变故或是自己受到了意外的伤害，都有可能让孩子的心理出现问题。他们不愿意和别人交往，即使在家里的时候和父母谈话也不多，这些孩子总喜欢一个人做事，不善与人交流。

4. 待人冷漠

有些孩子对很多事物都不感兴趣，他们觉得外界的一切都和自己无关，与同学交往的时候态度极为冷淡，总是带着一种漫不经心的神态，有时候还会对别人不屑一顾。因此这类孩子的朋友也很少。

5. 脾气暴躁

有些父母对孩子百依百顺，不管孩子有什么要求都会毫不犹豫地答应，一旦孩子的要求得不到满足，孩子就会大吵大闹，长此以往容易养成孩子暴躁的性格。暴躁的孩子通常都很任性，他们的自制力较差，遇到自己不喜欢的人和事情就会极力反对，没有团队意识。他们的朋友也很少，不过容易形成一个小团体，这些脾气暴躁的孩子互相称兄道弟，不时地制造出一些小小的骚乱，给孩子的身心带来很大的伤害。

6. 胆怯

胆怯的孩子做任何事情都谨小慎微，有些孩子甚至不敢向老师提出问题，更不要说和老师进行情感上的沟通和交流了。当他们和陌生人聊天的时候会脸红，有时还会因过分紧张而导致口吃。

需要父母们注意的是，孩子的性格缺陷远不止这些。一个人的性格不是单一的，往往是多种性格的叠加。孩子性格缺陷的成因与父母和家庭教育有关，所以父母如果发现了自己的性格缺陷或不当的教育方式，要及时地改正，这样才能更好地教育孩子。

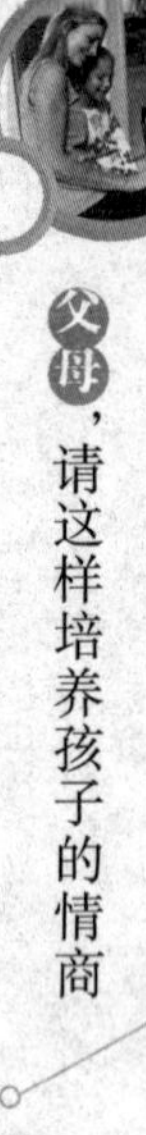

好性格成就孩子好人生

在人们追求成功的道路上，性格也发挥了至关重要的作用。人们常说“性格决定命运”，良好的性格能够让人在逆境中不退缩，在顺境中不自喜，在贫穷时不自卑，在富裕时不自傲，始终怀着坚定的信念走自己的路，而这样的人往往更容易收获成功。

威廉·亨利·布拉格是英国著名的物理学家，他是现代固体物理学的奠基人之一。他曾在剑桥三一学院学习数学，曾担任多所著名大学的教授。

布拉格小时候，家里很穷。他总是穿得破破烂烂的，不知情的人还以为他是一个无家可归的孩子。每当布拉格衣衫褴褛地出现在同学中间，总会不时地引发一些莫名的讥笑，不过，布拉格从来都没有因为自己比别人穷而感觉到惭愧。恰恰相反，当他穿着那双很不合脚的旧皮鞋上学的时候，他总能明白自己最重要的任务是什么。他从来没有抱怨过家人没有给他提供优越的物质条件，恰恰相反，他非常珍惜这双旧皮鞋。这双鞋给了他前进的动力。

原来，这双在外人看来很不起眼的皮鞋是父亲给他寄来的。父亲为此对布拉格抱着深深的愧疚。不过，父亲是非常聪明的，他从来没有忘记对布拉格进行鼓励和引导。

父亲曾经给布拉格写过一封这样的书信：“儿子，对不起，我没有让你享受很好的物质生活，不过你还是会一天天地长大，也许再过几年，你就再也穿不了我的鞋子了……我一直对你抱着很大的希望，在不久的将来，我将以你为荣，我要让别人知道，尽管我的儿子一直在穿着我的旧皮鞋，可是他依旧取得了非凡的成就！”

布拉格把父亲的话刻在了自己的脑海中，他永远记得，不管在什么时候都要自强不息。凭着对科学的热情，再加上自己坚定的信念和永不服输的性格，他最终取得了举世瞩目的成就。

就物质上而言，布拉格是贫穷的，因为他没有一个富爸爸，但是就精神上而言，他又是富裕的，因为他的父亲培养了他良好的性格。正是这种良好的性格，使他在贫穷面前不自卑，在困难面前不自嗟，以一颗平常心对待物质的贫乏，以一颗进取心寻求精神的寄托。

父母们，如果你们没能给孩子一个富裕的家境，没关系，不用感到愧疚，只要你们能给孩子正确的思想引导，让孩子拥有良好的性格，那就是给了孩子最宝贵的财富；相反，倘若你有能力为孩子提供殷实的物质基础，却没能做到去完善孩子的性格，以至于让孩子变得贪图享乐、不思进取，那么，你就毁了孩子的前程。

父母应该知道的

性格是决定一个人是否能够取得成功的重要因素。不良性格会给人的成功带来重重阻碍，也会严重影响人的心理健康。对于孩子而言，良好的性格尤为重要。因为，孩子正处于身体和心理发育阶段，在这种至关重要的成长过程中，如果形成了不良性格，以后将很难改正，并且会影响孩子今后的事业发展和心理完善。所以，为了避免孩子形成不良性格，同时也为了避免孩子因不良性格而诱发多种疾病，父母们必须马上行动起来，帮助孩子形成健康完善的性格，以适应社会、成就人生。那么，究竟从哪些方面来帮助孩子完善性格呢？以下几点可供父母们参考：

1.父母自身要具备良好的性格

据调查，孩子的性格很大一部分受父母的影响。如果父母是彬彬有礼、谈吐大方、待人真诚的，他们的孩子也会有这样的特点。

父母与孩子朝夕相处，父母的性格必定会在潜移默化中转到孩子身上。所以，要想帮助孩子形成良好的性格，父母们就要注意平时完善自身的性格，不要因为你的性格缺陷影响了孩子的人生。

2.培养孩子活泼开朗的性格

性格活泼的人就像冬日里的一抹阳光，给寒冷的人带来一阵温暖。活泼开朗本应是孩子的天性，如果你的孩子过于沉静或忧郁，请尝试帮他找回原有的童真，让他拥有一个无忧无虑的心态，同时，具有这样性格的孩子也会把他的快乐和幸福传递给周边的人。

3.教育孩子待人要热情

很多人有这样的经验，当你和别人交谈时，如果对方的态度不冷不热，自己很快就会蔫下来，因为人人都需要他人的尊重和认可，别人的冷漠态度意味着轻视。孩子那种渴望被重视的心理更强烈，所以要教育孩子，如果想要得到别人的重视，就要尊重别人，就要热情地对待别人，付出热情才能收获更多的热情。

4.教育孩子要做正直的人

有人说正直的男人最有魅力，其实正直应该成为每个人的做人准则。勇敢地说出自己的见解，不要怕对方不高兴，只要你是正确的，总有一天对方会理解你的良苦用心。正直的人永远不会违心地做一些伤害别人的事情，自己也会生活得更加幸福。所以，让孩子从小就有正气，是为了让孩子保持一颗纯洁的心，也是为了让孩子今后的人生路能够收获更多的朋友。

5.帮助孩子树立自信心

自信是成功的一半。有自信的人不会被眼前的困难打倒，困难会激发他们的潜能，而那些缺乏自信的人做事之前就先把自己给否定了。既然自己都不相信自己，那么你还能奢望谁能够把重要的任务交给你呢？帮助孩子树立自信心尤为重要，由于孩子心理还不够成熟，对事物的认知能力还相对较弱，倘若再缺少自信心，那么孩子在人生之路的起始阶段便很难走顺畅。所以，让孩子在人生的起步阶段就树立起自信心，对他继续跋涉有推动作用。

6.教育孩子做小事也要认真

所谓“差之毫厘，谬之千里”，就是说，很细微的错误也有可能造成不可估量的损失，做事情时不能忽视小事的作用。父母应教育孩子对再小的事情，都要认真对待，不可敷衍了事。

7.培养孩子勇敢坚强的性格

永远不要让孩子成为一个胆小怕事的人。要教育孩子遇事不要紧张，总会有解决的办法。车到山前必有路，船到桥头自然直。告诉孩子，任何人的一生都会经历各种挫折，面对这些要坚强，勇敢坚强的人

能够战胜一切。

8.让孩子学会体谅他人

遇事让孩子多设身处地为他人着想，不要以自我为中心。如果和他人发生了不快，不妨转换角度站在对方的立场上思考问题，这样就能避免不必要的纷争。

当然，健康的性格还有很多。父母一定要在培养孩子健康性格的事情上下大力气。孩子的不良性格一旦形成就很难改变，如果待孩子成人时父母再悔悟和纠正的话，就有可能要付出高于现在百倍的精力和财力。另外，父母还要明白，培养孩子的健康性格是一个长期的过程，一定不要急于求成。

怎样对待孩子的叛逆行为

新新经常在家和父母闹矛盾，别看她才刚刚 5 岁，讲起道理来却井井有条。小姑娘总是特立独行，在家里经常反对爸爸妈妈的话，当然她也经常分不清是非曲直。如果哪一次妈妈忍不住批评了她，她的坏脾气就上来了，甚至还吓唬妈妈说，自己要离家出走。为此新新的爸爸妈妈没少费心。当妈妈跟幼儿园的老师说了这个情况后，老师感到特别奇怪。她简直不敢相信新新妈妈说的是真的，因为在幼儿园里新新表现得特别好，老师说新新很懂事，经常帮助其他小朋友，对人也很热情，很多小朋友都喜欢跟她一起玩。

这时旁边的另外一位女士也说起了自己的孩子。她的儿子今年也是 5 岁，可是最近小家伙不但个头长了，心眼也多了起来，他总是和父母的教导拧着干，做错事的时候也死不承认，这让他们夫妻很头痛。

很多孩子都有上面出现的这种情况，父母发现，现在的孩子越来越叛逆了。孩子动不动就反对父母，还会讲出一大堆的道理。年纪小的孩子还罢，尤其是那些已经进入青春期的孩子，他们的叛逆行为让父母伤透了脑筋。

有一段时间，一位朋友的气色很不好。原来她已经有好几天没有好好休息了。我问她为什么会这样，于是朋友就讲述了令她非常头痛的一件事。

她的15岁儿子离家出走了，没有给家里人留下任何消息。于是全家人发动了所有的亲戚朋友外出寻找，可是那个孩子就像忽然从人间蒸发了一样。他们去了孩子经常玩的那个网吧，也找到了孩子的那一群朋友，可是所有的人都说没有见过他。

几天以后，她的儿子终于因为忍受不了外面的生活而悄悄地回来了。这时家里人才发现，原来这几天他一直躲在自己那群朋友那里，他的那些朋友甚至知道他的家里人都到哪些地方找过他。可是让这位母亲气愤的是，为什么这些孩子都不肯说出儿子的藏身之处呢?

接下来这位母亲说的话更让我感到吃惊。儿子离家出走的原因竟然是因为父母反对他和另外一个女生谈恋爱。儿子回家后不久，父亲就给他办理了转学手续，因为学校已经提出，如果孩子不转学，他们就要求父母把孩子领回家做一段时间的家庭教育，说白了就是把孩子开除了。可是儿子却说自己对学习早就没有了兴趣，他巴不得辍学回家呢，那样就再也不用听老师的教训了。最近，儿子不是在家上网玩游戏，就是跑到原来的学校找他的那些朋友玩，有时竟然还夜不归宿。她和孩子的爸爸打也打了，骂也骂了，可就是不管用。儿子还经常摆出自己的一套逻辑来顶嘴，根本不与父母进行推心置腹的交流。

其实，处于青春期的孩子做出这样叛逆的事情不足为奇，父母也大可不必惊惶失措或者认为孩子堕落至极。这样的孩子不是无药可救的，只不过是做父母的没有“对症下药”而已。所以，如果你的家里也有出现类似叛逆情况的孩子，千万不可草率行事，一定要首先反思自己。看看自己有什么做的不好的地方，然后再采取一定的措施。

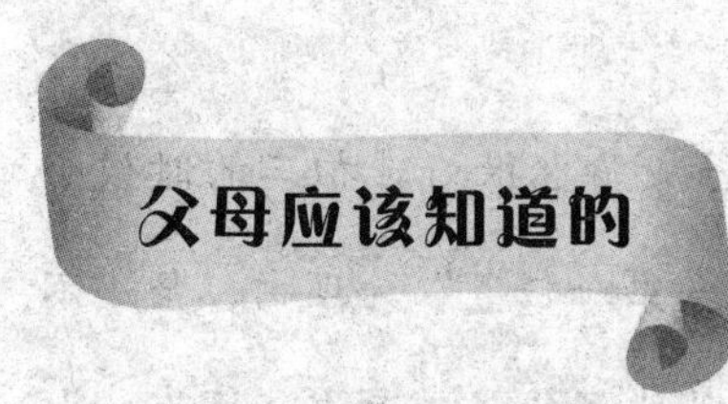

父母应该知道的

由于生活条件发生了很大的变化，和以前的孩子相比，现在的孩子智力开发比较早。他们很小的时候就萌生了自我意识，渴望别人把自己当做一个独立的个体来看待，而不是仅仅当做一个小孩子。这是孩子成长过程中必须经历的阶段，只是有些孩子的叛逆更为明显，而有些孩子的自控能力比较好，不容易被察觉而已。

曾经有人做过一项调查，组织者让孩子们写出自己对父母不满意的地方。很多孩子都给出这样的答案：不了解我的想法；动不动就冲我发脾气；不让我做自己喜欢做的事情；对我要求太高；总把我当孩子，不听取我的意见。由此我们可以看出，孩子们非常希望得到父母的理解。青春期的孩子更是如此，他们更希望得到他人的认可，尤其是父母的肯定。可是很多父母根本就不给孩子诉说的机会，他们认为，孩子还小什么都不懂，从而轻易地否定了孩子的想法。这样一来，孩子就会产生逆反心理，时间长了，孩子的逆反心理就会越来越严重。所以，父母也应该换位思考，尝试着站在孩子的角度思考问题，从孩子的思维模式出发，这样很多问题就会迎刃而解了。

父母在对待孩子的叛逆行为时，千万不可实行高压政策，那样会适得其反，加重孩子的叛逆。要时时刻刻提醒自己，孩子应该有自己独立的空间，应该尊重孩子。在此基础上再采取一些措施，有针对性地解决问题。

1.尊重孩子的兴趣爱好

小海是一个很聪明的男孩，他的学习成绩也很好。初二的时候小海喜欢上了打篮球，可是父母却以“学习是第一任务”为理由，坚决不同意他参加学校的篮球队。他们还给小海买来了很多辅导书，还有一大堆的习题集。父母的做法让小海特别不满，为了表示自己的反抗，他再也不用心学习了。等到期末考试的时候，成绩和以前相比已经惨不忍睹了。小海知道这样做也不对，但是他发现自己已经喜欢看父母因他而着急的样子了。到了初三，老师对小海进行了耐心的开导，同时也和小海的爸爸妈妈进行了沟通，小海才渐渐地把精力放在了学习上。中考结束后，小海考上了市里的一所重点高中，这时父母已经不反对他参加学校的球队了。小海通过打篮球结交了很多不错的朋友，并且他的体格也越来越棒。

每个人都有自己感兴趣的事情。对于孩子而言，兴趣爱好更是不可或缺的，父母应该适时地予以支持。健康的兴趣爱好会对孩子的良好性格起到完善的作用。所以，父母要尊重孩子的爱好，不能把自己的意志强加给孩子，不要把所有的眼光都聚焦在孩子的试卷分数上，更不能粗暴地干涉孩子的合理行为，平时要多注意和孩子进行沟通，了解孩子的思想动态。当孩子讲述自己的见解时，一定要耐心聆听，不能粗暴地打断，更不能抱以轻蔑的态度。否则的话，他们就不再愿意和你进行交流了。

2.帮助孩子确立正确的价值观

孩子的叛逆行为最明显的莫过于表现在他们的衣着打扮上。进入青春期的孩子自我意识在不断地增强，他们渴望得到别人的关注，因此想方设法让自己变得引人注目。他们往往游离在主流意识之外，喜欢跟风。可是他们还缺少对事物的全面分析能力，所以父母应在孩子很小的时候就应注意培养孩子正确的价值观和审美观，引导孩子追求真正的美丽。

3.爱是最好的法宝

5岁的小明在父母离婚后跟爸爸一起生活。不久，爸爸再婚了，新妈妈也带来了一个同小明年纪相仿的男孩。爸爸整日在外忙工作，新妈妈在家里照看小明和她的孩子。对于她的孩子，她关怀备至，而对于小明，她却总是冷落一边，这给小明幼小的心灵带来了很大的伤害。爸爸发现，小明突然变了，处处和自己作对，对于那个新妈妈，小明也是怯意中带着敌视，还会同新妈妈带来的小男孩争斗不休。爸爸为小明的事情伤透了脑筋。后来他咨询了一位青少年心理专家，在专家的指导下，他开始慢慢地用自己无条件的爱来感化小明，同时也说服妻子对两个孩子要一视同仁，如果条件允许的话，他还和前妻一起陪着儿子出去游玩，这让小明感觉到亲人都是爱自己的，于是他逐渐愉快起来。

缺少爱的孩子容易变得叛逆，这种情况在重组家庭当中经常出现。父母在日常生活中要给予孩子足够的关爱，要让孩子明白，不管到什么时候，父母都是爱他（她）的。

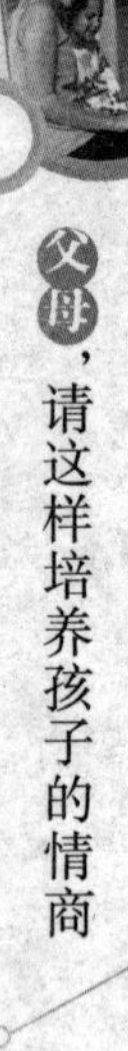

提防自闭，让孩子走出自己的小圈子

少儿的自闭症是现代社会中发病率越来越高、越来越为人所重视的一种精神和心理上的疾病。症状主要表现为：孩子不愿和人交流，整天沉迷于自己的世界，多数自闭症的孩子不开口说话，相对应地，其生活自理能力也很差，学习障碍显著，鲜有接触新鲜事物的欲望，甚至严重到自残或者暴力。对于先天患有这种疾病的孩子，父母们要注意为孩子做适当的治疗，而对于原本没有此病症的孩子，父母们一定要避免孩子向这个方向发展。

时下，多数家庭都只有一个孩子。孩子少了兄弟姐妹之间的交流，父母又忙于工作，缺少亲子之间的沟通，孩子又被教育不要跟陌生人说话、不要擅自离开家等，这使得孩子很少与人接触，很少亲近社会和自然，这必然会给孩子带来一定的交际障碍，使得孩子整日把玩具当做朋友，把电视当做认识世界的窗口。长此以往，孩子便会生活在自己的小圈子里难以自拔，甚至会抵触外界事物。如此下去，就可能使得孩子走向自闭的边缘。

曾经有一部名为《心灵捕手》的电影，影片的主人公是一位叫做威尔的清洁工。这位年轻人天资聪慧，阴差阳错地做了麻省理工学院的清洁工。不上班的时候，他就与朋友三五成群地去酒吧喝酒，要么就去捉弄那些所谓的高材生，而当他独处时，却能够一目十行地阅读各种书籍。

在新学期之初，蓝博教授给自己的学生布置了一道难题，也许这道数学题真的太难了，他于是说，只要在学期末的时候有人做出来就可以。可是令人意想不到的是，很快就有人给出了问题的答案。蓝博教授感到自己很没面子，于是在黑板上又写出了一道数学题，可是，很快这道题又被攻破了。蓝博教授经过调查发现，解出这两道题的竟然是一位打扫走廊的清洁工，更让他感到惊诧的是，威尔还是一个小混混，经常打架生事，威尔手中的法院传票就有一大堆。同时教授还发现，这个年轻人有着严重的自闭倾向，他鄙视一切，也不想和其他人进行沟通，对教授，他也不放在眼里。不过蓝博教授并不把这些放在心上，还请威尔和他一起研讨学术问题，同时让人给威尔进行心理辅导。他希望威尔能够以一种平和的心态面对社会，能够发挥自己的天赋，而不是整天浑浑噩噩，浪费生命。可是年少轻狂的威尔根本体会不到蓝博教授的良苦用心，还用尽各种办法捉弄心理专家。

后来，另一位名叫尚恩的心理专家加入到了帮助威尔心理康复的队伍中。不出所料，尚恩同样也受到了威尔的种种捉弄。可是尚恩并没有因此而放弃，而是尝试以一个朋友的身份聆听威尔的心灵故事。他们还时常争论得面红耳赤。尚恩就这样一步一步地走进了威尔的心灵世界，威尔在这个过程中重新树立了自信，最后他终于打开了自己久久关闭的心门，还追回了将要逝去的爱情。另一方面，尚恩也是一个有自闭倾向的人。尚恩的妻子不幸去世后，他的感情世界的大门就被他关上了，没有什么东西能够再轻易地感动他。在和威尔相处的那段时间里，他深深地体会到了年轻的威尔身上具有的那种超乎寻常的生命力，自己的感情之门也在和威尔的碰撞过程中悄悄地开启，于是他也开始了另一段全新

的生活。

有时候，真不知道应该以一种怎样的态度去面对熙熙攘攘的现代生活。科技发展的水平越来越高，人们行走的步伐也越来越快。笔者见过很多步履匆匆的行人，在春日的阳光里却显得十分疲倦。有时还会遇上一个可爱的小朋友，很想凑上前去跟他说上几句话，可是一看到孩子父母警觉的眼神，所有的情趣也就荡然无存了。这就是现代都市人群之间的感情，高高的水泥建筑把一户户人家冰冷地分开，人们已经对邻里之间互不相识的情况习以为常。这样的现代生活隔开的不仅仅是空间上的距离，更重要的是，人们在无形之中给自己的心灵上了一把大大的铜锁。

生活在这种环境下的孩子很不幸，因为他们失去了很多与同龄人交往的机会。越来越多的独处时间可能会让他们感到倍加孤独，他们的视野也得不到开拓，长此以往，就容易导致孩子的自我封闭。作为父母，一定要尽量地帮助孩子走出自己的小圈子，与更多的人交往。

父母应该知道的

有一部电影，主人公杰克由于飞机失事而意外地来到了一座荒岛上。在此之前，杰克是一个超级工作狂，他甚至舍不得抽出时间来陪自己的女朋友，可是这次事故让他的生活发生了很大的变化。在那个荒岛上，他唯一的生活目的就是生存。于是他开始思考很多问题，这时他才发现朋友和亲人对自己有多么重要。可是由于荒岛上没有任何居民，他只能拿一个破旧的皮球当做朋友，有时还对着它说话。当他回到现实社会中来的时候，他的语言能力和沟通能力都退化得相当厉害，经过很长一段时间才恢复过来。

其实我们每个人都不可能孤立地存在下去，而总会与周围的事物发生这样或那样的关系，这才是真正的生活。可是现实生活告诉我们，很多孩子有严重的自闭倾向，他们不喜欢和别人交流，总是躲在自己构建的小圈子里自娱自乐，这是一个很严重的问题。如果作父母的回忆一下自己的童年，穿着开裆裤在草地上与小伙伴飞奔着捉蝴蝶，在沙堆里与小伙伴认真地过家家，在下雨天与小伙伴手牵着手往家跑，甚至会与小伙伴们在皓月当空的夜晚跑很远的路去看一场露天电影，这样的经历是不是你人生中美好的回忆？是不是开阔了你的视野，丰富了你的童年？而如今，面对着高楼林立的水泥城市，面对着错综复杂的立交桥，面对着车水马龙的街道，面对着家家紧闭的防护门，作父母的是否想过，这些童年的乐趣你的孩子再也体验不到了？当然，我们不是要提倡让孩子自由出入在现代社会的都市街道上，只是为了告诉父母们，多为孩子创造一些与他人亲近、与自然亲近的条件，不要让孩子在自己的小圈子里关上心门。下面这些建议尝试着去做吧，无论你工作多忙多累，都别忽视了孩子的健康成长。

1.让孩子多与外界进行沟通

经常带领孩子出去逛逛，春暖花开的时候，一家人外出踏青或是野炊，这些都是很好的活动，另外，还可以经常带着孩子走亲访友，不要把孩子当做一只金丝雀给囚禁起来。在这些活动中，不仅孩子的阅历会

逐渐地增长，孩子还可以学会怎样用一颗真诚的心和他人做朋友。长此以往就会对孩子的思维方式和性格产生重大的影响，他们还能体会到和别人交往带来的快乐。

2.让孩子学会人际交往的方法

要让孩子掌握人际交往的本领，平时应让他多与同龄人进行交流，让他以一颗真诚的心得到真正的友谊，并且试着让他与不同的人群进行沟通交流，这时父母不宜过多干预，只要能够提出一些建议即可。让孩子学会处理人际交往中遇到的问题。

3.求助医生

如果孩子的自闭现象很严重，就会发展成为孤独症，这时父母要让孩子去接受系统的康复治疗，让专家为孩子打开他的心灵之门，否则孩子的生活会受到非常严峻的考验，他们将永远停留在自己的世界里，无法感知外界的喜怒哀乐。当孩子打开心灵的窗户时，就会感受到与人交往的快乐。

4. 以乐观的心态面对生活

在现实生活中，父母要让孩子体会到，所有的人都应该以一种乐观的心态面对生活，鼓起勇气面对自己遇到的挫折。父母还可以利用一些名人名言来激励孩子的斗志。

如何对待孩子的任性

有一个男孩，从小就喜欢唱歌跳舞，他的学习成绩很不好，因此父母对他的爱好根本就不支持，因为他们感觉这种爱好会浪费很多时间，导致孩子不能专心地学习。可是孩子不顾家人的反对，一直坚持着自己的梦想，再加上他勇于创新，最终成了一个音乐奇才。他的很多歌曲都是人们耳熟能详的。

也许在很多人眼中，这个孩子是任性的，但是他就是凭借着自己的任性最终取得了骄人的成绩，他也成为了家人的骄傲。所以说，任性的孩子并不一定注定平庸无能，任性并不完全是一种缺点。父母不要告诉孩子类似这样的话，如“不听话的都是坏孩子”，这样的言语会伤害孩子的能动性，甚至还会扼杀孩子年轻的梦想。

但是倘若孩子的任性变为一种顽固不化的叛逆，那就不得不重视起来了。应及时地去制止孩子的这种任性行为，才不至于酿成苦果。

父母们要明白的是，许多时候，任性并非与生俱来，而是与后天的生活环境有着直接的关系。现在的孩子大部分是独生子女，因此他们承载了全家人的爱和关怀，也承载着全家人的关注和希望，因此他们的精神长期处在紧张的状态下，一旦遭遇失败就觉得对不起家人而轻易地否定自己，渐渐地就形成了抑郁症。另一方面，他们又缺乏分享意识和责任意识，因为无论孩子提出什么样的要求父母都会满足，当他们得不到

想要的东西时就会勃然大怒，蛮不讲理。所以，作为父母，对于孩子的任性行为是负有不可推卸的责任的。

父母应该知道的

要想改变孩子的任性，就必须知道任性产生的具体原因。其实，造成孩子任性的原因不外乎以下三点。

首先是父母对孩子的溺爱。有些父母认为孩子年龄还小，所以需要更多的爱，父母应该给予他们充分的保护，让他们有一种安全感，因此只要是孩子提出的要求也不管合不合理，他们都会想尽办法满足。当孩子犯错误时，父母总会替孩子找一些借口。这时就给孩子造成一种错觉，让孩子认为不必为自己的行为负责。

其次是过分约束孩子。父母的爱子之心人们可以理解，可是有些父母过于限制孩子的自由，如规定孩子在某些时段应该做什么事情，或是应该待在哪里，这样孩子就会产生逆反心理，于是总是处处与父母做对，时间长了也就成了任性。

最后，有些父母总是给孩子一些不正确的暗示。很多父母坚信“会哭的孩子有奶吃”的人生信条，于是他们总是这样告诉孩子：“如果你想得到某种东西，就必须学会撒娇”、“如果别人满足不了你的愿望，也不能轻易放弃”。孩子在父母这些语言的诱导下慢慢地就会变得十分任性。

既然父母们已经知道了孩子任性形成的根本原因，那么就应该以一种理性的态度来对待孩子的任性。

1.帮孩子树立正确的价值观

在日常生活中，父母要帮助孩子树立正确的价值观，只有这样，孩子遇到事情的时候才能明辨是非并采取正确的方法。久而久之，孩子就不会一味地胡搅蛮缠，因为他们已经知道了自己的做法是不对的。

有一天，已经很晚了，明明还在缠着妈妈陪他看动画片。尽管妈妈忙了一天已经筋疲力尽了，可是还是陪着明明看了大约半个小时的动画片。

“明明，咱们今天就看到这里吧，改天妈妈再陪你一起看。”妈妈略带歉意地说道。

“不嘛，不嘛，我就要看，我最喜欢妈妈陪我看这个动画片了。”明明撅起了自己的小嘴。

“可是妈妈今天已经很累了，咱们改天再看，好不好啊宝贝？”妈妈继续说道。可是不管妈妈怎么解释，明明就是不听。

“呜呜，妈妈不喜欢我，我就要看，就要看！”明明哭得委屈极了，“你们不让我看，我就把这个变形金刚摔碎。”说着，明明拿起沙发上的变形金刚朝地板上摔了下去，顿时，那个玩具就变得惨不忍睹了。

一旁的爸爸忍不住抬手要打明明，妈妈赶忙拦下了。明明被爸爸的举动吓坏了，他开始大哭起来，可是仍旧不承认自己的错误。

第二天，妈妈起得很早，只是把摔坏的玩具放到了明明的床边。明明朦朦胧胧地醒来了，猛然发现了被自己摔坏的玩具，懊恼不已，呆呆

地看着玩具不知所措。妈妈推门进来的时候，明明抬头看了看，脸上带着一丝不容察觉的内疚。

妈妈知道时机已到，走到儿子的床边说："是不是后悔自己把玩具摔坏了？"

"嗯。"明明以极其微小的声音答道。

"有没有发现自己错了啊？"

"嗯。"

"你看，仅仅因为妈妈不陪你看动画片你就那么生气。你看妈妈昨天下班回来的时候多累啊，可是我还是陪你看动画片了，明明累的时候是不是也特别想休息呢？你看看，玩具已经坏成这样了，它以后再也不能陪你玩了。"妈妈这样跟明明说。

"妈妈，我错了，我以后再也不那么做了。"明明说道。

明明的妈妈很聪明，如果当时只是把孩子暴打一顿的话，也许能让孩子感到害怕，但是他还是认识不到自己的错误。可是妈妈却采取了另一种措施，让孩子认识到了自己的错误。

2.赏罚分明

有些孩子在任性时，爱子心切的父母舍不得批评孩子，于是迁就了孩子的过错，有些父母总是以"下不为例"收场，这些做法很不好，这会让孩子以为，只要自己坚持下去，父母就会同意，时间久了就容易让孩子形成任性的性格。所以，如果孩子做错了就应该指出来，而不是没有原则地一味原谅。

小杰克正在自家花园里玩足球，兴奋之余，一脚把足球踢到了邻居家的花园中，打烂了一盆雏菊。看到自己闯了祸，小杰克害怕了，不知所措中，他赶忙叫爸爸去拾球，可是爸爸却要小杰克自己去，并告诉他，这样的事情应当首先去道歉，并且还要拿上一盆同样的雏菊作为赔偿。

迫不得已，小杰克捧着一盆雏菊很不情愿地向邻居家走去。邻居布朗·史密斯夫人正在洗衣服，她看见小杰克泪水盈盈的样子，就没有责备他，也没有留下那盆雏菊，而且史密斯夫人还跑回屋里拿了一盒巧克力送给小杰克。

小杰克高高兴兴地回家了。爸爸见他虽然泪水未干，可是已经很高兴了，又见作为赔偿的雏菊被抱了回来，而且小杰克手里还多了一盒巧克力，便明白了。他立即去了邻居家，找到史密斯夫人说："史密斯夫人，我的儿子打坏了您的花，他犯了错，我想教育他，请您配合一下，犯了错误的孩子不应该得到奖励。"

于是，他又返回家中，要小杰克拿着巧克力和鲜花去史密斯夫人那里道歉，并赔偿那盆花，同时把巧克力归还。

过了两天，这位父亲找到了一个可以奖励儿子的机会，奖励了一盒巧克力给小杰克。

对孩子明显的错误、明知故犯的错误、性质严重的错误，一定要严肃批评，并让其承担责任，直到他改正为止。

3.不可纵容孩子的过错

纵容孩子的过错，只会使孩子越陷越深，这样对孩子是害而不是爱。

一个孩子从邻居家偷了一个鸡蛋，拿回家里交给了母亲，母亲不但没有批评他，反而还把那个偷来的鸡蛋煮给他吃。后来，孩子去邻居家的菜地偷回来一些菜，仍然交给母亲，母亲就把孩子夸奖了一番，然后

全家人一起围着桌子吃那些菜。就这样，孩子的胆子越来越大了，他慢慢开始偷鸡、偷钱财，就这样一步步走上了不归路。由于他频繁偷盗贵重物品而毫不收敛，终于在一次作案过程中被捉住了，结果依法被判处死刑。到了行刑那天，他的母亲也赶到刑场，失声痛哭。这时，那个即将走向断头台的盗贼请求跟他的母亲进行最后一次谈话。

当母亲满脸泪痕地走到儿子身边时，儿子说："妈，把您的耳朵伸过来。"感到儿子对自己的留恋，母亲更是悲痛欲绝，她赶忙贴近儿子。令在场所有人震惊的一幕发生了，儿子上前对母亲的耳朵狠狠地咬了一口。血马上流了出来，母亲本能地躲闪，耳朵才不曾被咬掉。母亲边哭边骂这个不孝的儿子。可是儿子说："妈妈，如果我第一次偷鸡蛋回家时，您就这样痛骂我的话，我就不是今天这个下场了。"

4.不妨来点小幽默

在培养孩子的过程中适当运用幽默，不仅可以缓解父母和子女之间发生冲突时的紧张气氛，同时还可以把幽默渐渐传给孩子，让孩子学会幽默轻松地面对人生。

苏联著名诗人米哈依尔·斯维特洛夫教子的故事一直在教育界广为流传。

一天，斯维特洛夫回到家里，看到儿子舒拉正坐在沙发上得意地吐着黑黑的舌头。全家人乱作一团，不停地打电话到不同的医院求救。原来，儿子别出心裁地喝了半瓶墨水。

看到爸爸进门，舒拉还冲爸爸做了个鬼脸。

看着儿子得意的表情，诗人明白了：儿子是想用这种方式来成为全家的焦点。喝下的那种墨水不至于使孩子中毒，因此不必惊慌。这正是一个教育儿子的好时机！

于是，他走到舒拉跟前问："小伙子，你真的喝了墨水啦？"

舒拉根本没回答，只是依然十分得意地坐在沙发上伸出黑黑的舌头。

诗人一声不响地转身走进书房，然后拿出一叠吸墨水的纸来对儿子说："既然如此，也只好这样了，请你把这些纸用力嚼碎吞下去吧。"

家人的惊慌也被诗人这句幽默的话冲淡了，大家知道没有什么危险，便笑着散开，做各自的事情去了。此后，舒拉再没犯过类似的出风头的错误。

孩子，特别是男孩子，有时往往会故意打破常规做出异常的举动。他们这样做，只是为了证明自己勇敢，并以此来吸引他人的目光。

这个时候，倘若父母采用"硬碰硬"的方式指出他的错误，则往往无法使孩子接受。倘若用幽默轻松的口吻指出他不通情理之处，则会使他自己明白错误所在，以后会自觉避免此类错误。

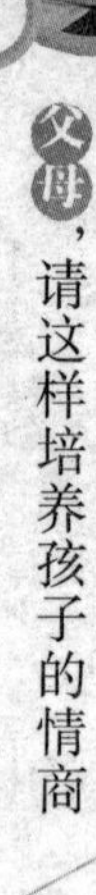

孩子不能过于胆小

4岁的小丽让她的妈妈感到非常头痛。这个孩子非常胆小，在幼儿园的时候不愿意和大家一起玩，也不像同龄的孩子那样充满好奇心和爱动、贪玩。她从来不敢主动回答老师提出的问题，即使有时被老师点名问问题，她也是战战兢兢地从座位上站起来，然后以一种极其微弱的声音迅速回答完老师的问题。当家里有客人到来的时候，她就会一个人躲在一个小角落里一言不发，有时候会紧张地发抖。

其实像小丽这样胆小的孩子还有很多。据说曾经有一位年轻的父亲也为自己孩子胆小而苦恼，他认为自己4岁的儿子根本没有一个男孩应该有的胆魄。于是在经过一番周密的思考后，他决定用自己的行动来改变孩子。

在一个周末，这位年轻的父亲带着孩子来到了郊外，他把孩子放在了摩托车前的脚踏板上，让儿子在上面站着抓紧车座，父亲则开着摩托车前行。他好像有意要训练孩子，于是让车子在路上不停地颠簸。4岁的孩子哪见过这样的场面啊，于是吓得哇哇大哭，而这位年轻的父亲却冲孩子吼道："不许哭！"孩子立刻停止了哭喊，眼泪却在眼眶里不停地打转。

很多人都认为年轻父亲的出发点是好的，毕竟他是为了让孩子的胆量变大才这么做的。不过，这种做法非但不能增大孩子的胆量，反而会适得其反。因为孩子胆小的根本原因是没有自信，因为他们很少得到爸爸妈妈的肯定，并对事物没有一个比较清醒的认识。

孩子胆小是一种很正常的事情，成年人也会有胆小的时候，又何必苛求孩子呢？不过，如果孩子一直不敢在公共场合和别人大大方方地交流，或只要接触陌生人就会脸红心跳，那么就应该引起父母的注意了。因为长此以往，孩子就会变得懦弱，那时候情况就会更严重了。胆小的危害很大，会给孩子的发展造成极大的负面影响，让孩子与很多机会擦肩而过。

有人说人是环境的产物，什么样的环境就会造就什么样的人。在一个充斥着阴暗气氛的家庭中，不可能有一个开朗乐观的孩子。而在一个充满着温馨、舒适、温情的家庭，他们的孩子也不会变成一个消极、低沉、悲观厌世的人。同样道理，孩子胆量的大小也和自己的生活环境有很大关系。

小赵夫妇平常工作都很累，两个人也没有时间照看孩子。经过一番商讨之后，小两口决定把孩子暂时寄养在爷爷奶奶那里，反正老人年纪大了也没什么事情可做，孩子让他们带，还能给他们解解闷。于是在一个星期天，小赵夫妇就把孩子送了过去。

爷爷奶奶看到孙子后别提有多兴奋了。奶奶拉住孙子胖乎乎的小手就不撒开，还一个劲地说道："我的小宝贝，好乖啊，以后要和奶奶一起睡觉喽。"刚刚3岁的小强一脸茫然地看了看爸爸妈妈，看到爸爸妈妈无声地笑了笑，他好像突然明白了什么，接着就和奶奶玩起来了。

爸爸妈妈走后，小强就开始和爷爷奶奶一起生活了。这老两口把小强当做他们的心肝宝贝，从来不让小强离开自己半步，即使偶尔去街上

买东西，奶奶也要紧紧地抓住小强的小手。在奶奶的眼中，好像小强一不小心就会从人间蒸发一样，所以她必须牢牢地抓住孙子。奶奶不让小强和其他小朋友玩，还告诉小强说那些都是坏孩子，会欺负小强。于是孙子就很少和其他小朋友玩。

有一次，小强被椿树上的会飞的小虫子吸引住了，正当他在聚精会神地观察时，奶奶的一声喊叫把他吓出了一身冷汗。奶奶告诉小强说，那些虫子不能碰，否则他们就会在晚上吃人的，这让小强很害怕，果然，从那以后他再也不敢靠近椿树了。奶奶经常给小强讲述一些妖魔鬼怪的故事，并且还恫吓小强说，妖魔鬼怪最喜欢吃的就是小孩的肉，如果哪个小孩不听话，晚上睡觉的时候就会被老妖精给捉走。

后来，小赵夫妇发现，儿子在爷爷奶奶的教育下果然变了很多，比以前要听话多了。以前，只要上街孩子就会吵着要这、要那，可是现在，孩子上街时却出奇地安静，还一直要求妈妈抱着，如果旁边有谁的说话声忽然高了一点，他也会害怕地抖动一下身子。在幼儿园中，小家伙表现得很害羞，不敢和其他小朋友做游戏，受到欺负的时候也不敢与对方讲道理，更不要说奋起反抗了。

上文中的小强之所以变得胆小怕事，大部分原因是爷爷奶奶的教育方式有问题。平常不让孩子和其他小孩玩，孩子的交往能力得不到有效提高，所以，当他不得不面临和他人交涉的情况时就会显得非常紧张。而且，平时孩子犯错的时候奶奶不是指出孩子错在哪里，而是用恐吓对付孩子的举动，长此以往，孩子的心理定然受到很大的影响，他的胆子也会越来越小。

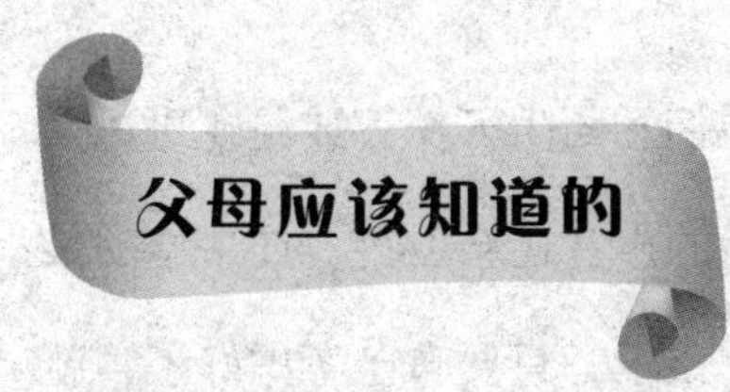

据说曾经有一个性格很内向的孩子，不管和什么样的人说话他都会脸红。为此，这个男孩也感到非常苦恼。有一天父亲突发奇想，为了锻炼孩子的胆量，他提议和孩子一起去闹市的十字路口唱歌。刚开始的时候，孩子很难为情，但是看到爸爸岁数那么大了还敢在大街上唱歌，于是自己也壮着胆子开始小声地哼哼起来。又过了一些日子，他可以大声地唱歌了，后来，爸爸就不再陪在他的身边。有一天，他兴致勃勃地从外面跑回来跟爸爸说："今天大街上有很多人为我鼓掌了。"

长大后，这个曾经非常胆小的小男孩竟然成了一位远近闻名的律师。

其实，不同年龄的孩子所恐惧的对象也有所不同，这和他们所处的环境以及年龄阶段有关。有些恐惧不经任何调节也会自动消失。例如，几乎每个人在青少年时期都有这样的经历，晚上走路的时候总感觉自己的身后有一个人跟着，你快他快，你慢他慢，如果这时你回头一看，却什么也发现不了。越是这样，自己的心里越是害怕，于是不由得飞快地往家跑，到家的时候早已经出了一身冷汗。对这种恐怖的感觉，有人会持续几年，有人甚至会持续出现二十多年，可是有一天你会突然发现，不知道什么时候，这种恐怖的感觉已经荡然无存了。

父母要多和孩子进行沟通，一旦发现孩子胆小，就要及时地帮助孩子找出真正原因，采取一定措施帮助孩子消除恐惧心理。

1.鼓励孩子说出自己的想法

有些孩子不敢在公共场合讲话，当他们和陌生人交流或是在班里发言的时候，会表现得非常紧张，有时说话的声音还会颤抖。如果您的孩子也出现了这样的情况，就要肯定地告诉孩子，只要自己考虑好了，就应该大胆地说出来，不要在意对还是错。平常还可以让孩子多参加一些课外活动，例如演讲比赛、朗诵比赛、小组辩论赛等。日久天长，孩子的状况就会发生很大的改观。

2.放手去爱，让孩子做一些力所能及的事情

父母不要把孩子的所有事情包揽下，要让孩子做一些力所能及的事情。否则的话，孩子就会认为自己什么都做不了，任何事情都得依靠爸爸妈妈。孩子在做事的过程中会遇到一些困难，这是必然的。父母不要急于出面，先让孩子自己思考解决的办法，如果孩子实在束手无策了，父母不妨做一些简单的引导，这时孩子就会豁然开朗。如果孩子能够顺利完成自己的工作，父母一定要及时地进行肯定和表扬。

孩子在这个过程中会找到一种前所未有的成就感，他们会感觉自己很棒，因此也就更加自信。那么，再遇到其他事情的时候也不会表现得畏畏缩缩了。

3.用科学知识武装孩子的头脑

一天晚上，妈妈坐在桌子旁做刺绣，奥尼尔在旁边安静地看画报。

“奥尼尔，可以去楼上帮妈妈把插针垫拿来吗？就在壁橱里。”妈妈轻问。

奥尼尔似乎没有听到妈妈的话，依然在翻看着画报。

“奥尼尔！”妈妈又轻轻地喊了一声。

“噢，妈妈，请不要让我去，好吗？妈妈，我会害怕的！”奥尼尔哀求道。

“为什么会害怕，亲爱的？”妈妈放下手中的活，好奇地问。

“那里太黑了，妈妈。”

“黑是什么呀？”妈妈问，“看！奥尼尔，它不过是一个影子而已。”妈妈边说边把手伸向灯与桌子上的针线篮之间。

“瞧，现在篮子里是黑的，可是只要妈妈把手移开，它就会立即亮起来。过来，孩子，站在灯与墙之间。瞧！墙上就是你的影子。它是不会伤害你的。”

“嗯，太对了，妈妈！我也相信它不会伤害我。”

“是呀，奥尼尔，黑暗呢，也是影子，不过是它比一般的影子大而已，它是笼罩万事万物的大影子。”

“妈妈，是什么制造的如此大的影子？”

“这个嘛，奥尼尔，等你再长大一些后，我就会告诉你的。现在，我只是希望你能够做一个不再害怕影子的勇敢男子汉。现在，我要再问你一遍，你敢到楼上把我的插针垫拿来吗？”

“当然了，妈妈，我马上就拿！”奥尼尔拍着胸脯勇敢地说。

由于特殊的文化背景影响，我国的很多父母都喜欢用一些妖魔鬼怪的故事逗孩子玩。殊不知，父母就在这时把恐惧的种子埋在了孩子幼小的心灵世界里。众所周知，孩子的好奇心很强，未知的世界总会引起他们无尽的遐想，这时如果父母给孩子灌输了错误的知识，那么孩子在错误认识的指导下就会生出一种无名的恐惧感。

所以当孩子提出一些疑问的时候，父母必须认真对待。要用科学知

识为孩子解释现实生活中的一些奇怪的现象。父母可以有针对性地买来一些儿童科普读物，闲来无事的时候就给孩子读一些篇目，让孩子对世界有一个客观的认识。

4.不要在外人面前数落孩子

毕竟孩子还小，他们有这样或那样的不足或错误很正常，可是有的父母抓住孩子的不足不放，总是用一些话语打击孩子。有的父母在外人尤其是在孩子的小伙伴面前，也不给孩子留情面，经常狠狠地数落一番，这会极大地打击孩子的自信，使孩子在人前抬不起头。其实有的孩子根本没有那么胆小懦弱，可是在父母的不断强调下，他们慢慢地也会觉得自己很胆小，遇到事情的时候也不敢往前冲，往往喜欢打退堂鼓。

帮孩子养成乐观的性格

不管在什么样的情况下，乐观的人总是会对未来充满信心。在生活的道路上注定有种种的坎坷，这个世界不是绝对的公平，不仅有鲜花还有荆棘，如果一不小心还有可能触礁。在遇到失败、悲伤、痛苦的时候，乐观是最有力的反击武器。我国传统的中医理论已经很早就提出了“七情致病”的说法，不良的情绪对人的身体伤害很大，具有乐观性格的人不会让自己沉浸在不良的情绪当中，这样的人也不容易得抑郁症。

用通俗点的话来说，乐观就是开心、豁达。当人们把一些事情看淡的时候，心中的压力就会减小，痛苦也会烟消云散。如果真能做到乐观地面对一切，那么生活中遇到的所有苦难都将变得不值一提，这样的人也更容易取得人生的成功，也将生活得更加幸福。不要小看乐观的力量，它会改变人一生的命运。

他在一次事故中失去了双臂。作为家里顶梁柱的父亲，也在那次事故中永远地离去了。从那以后，他不得不依赖弟弟的手。为了给他更好的照顾，弟弟成了他的影子，数年如一日地陪伴在他左右，从不曾离开。他生活完全不能自理，只会用脚趾写字。

有一次，他肚子不舒服，半夜要上厕所，不得不叫醒弟弟。弟弟陪他去厕所后，因为太累，便回宿舍躺下，并且禁不住睡着了。到别人发

现时，他已经在厕所等了两个小时了。两个兄弟渐渐长大了，他们遇到一些问题，也经常发生争吵。一天，弟弟提出要和他分开过，因为想像别的正常人一样过自己的生活。此事使他很伤心，不知所措。

一个女孩也有与之相似的遭遇。一天夜里，长期患有精神病的妈妈失踪了。爸爸出去找了，留她一个人在家。她想把饭菜准备好，等父母回来吃现成的，却不小心打翻了灶台上的煤油灯，酿成了火灾。这场火灾使她失去了双手。

尽管在外地读书的姐姐主动要照顾她，但她还是决定独立。在一篇作文中她曾写道："我是幸福的，尽管失去了双手，可我还拥有双脚；我是幸福的，尽管折断了双翅，可心欲飞翔……"

一天，男孩和女孩同时被一家电视台邀去录制一期访谈节目。男孩向主持人坦陈自己独自面对生活的忧虑，觉得未来一片渺茫；但女孩却非常热爱自己的生活。主持人让他们两人用脚趾在纸上各写一句话。男孩写道：弟弟的手就是我的手。女孩却写了：翅膀断了，心飞翔。

这两个人经历了同样的考验，可人生态度的差异决定了他们生活本质的不同。生活确实不可预知，灾难随时都可能降临。如何应对灾难，便是对人的考验。倘若你抱怨、逃避，困苦会终将伴随着你；倘若你坚强勇敢地面对，困苦就会化为福祉，孕育新的希望。

乐观的性格会让孩子走出痛苦的迷宫，让他们更加自信地前行。有了乐观的性格，小伙伴愿意跟他在一起玩耍，孩子的身心发展也将更加健康。有的人说，江山易改，本性难移，但是父母要注意是"难移"，而不是"不能移"。孩子的性格是在后天的生长环境中逐渐形成的，理所当然，孩子乐观的性格也可以在培养下逐渐形成。

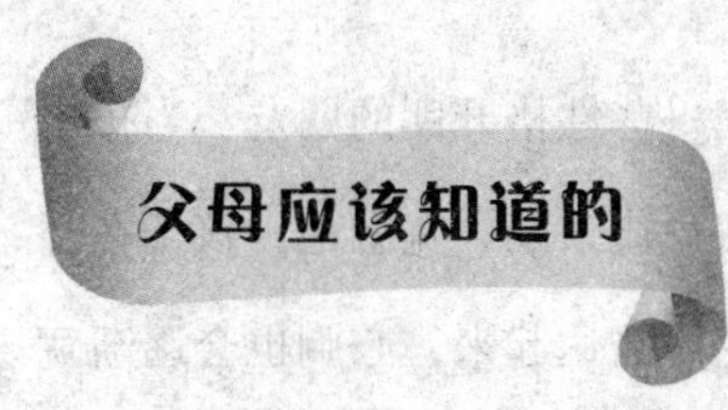

父母在培养孩子乐观的性格时不妨从以下几个方面入手：

1.把自由还给孩子

“生命诚可贵，爱情价更高，若为自由故，二者皆可抛。”匈牙利诗人裴多菲的一首小诗说出了自由对一个人的作用。而对于一个天真烂漫的孩子而言，自由更为可贵。现实生活中，很多孩子不快乐的真正原因，就是他们没有行动的自由 。有时候，父母对孩子的爱已经成了专制。这些父母为孩子制订了种种行为准则，这使孩子的创造能力急速下降，在这样的环境下生活的孩子体会不到做事成功给自己带来的乐趣。所以，父母要给孩子充分的自由，让他们自己决定自己的行为。当孩子的决定得到认可后，就会表现得很开心。

当然，在这个过程中，父母不要放任自流，当孩子出现偏差时要及时地给予指导。

2. 让孩子拥有广泛的兴趣

广泛的兴趣爱好有利于培养孩子的乐观性格。如果孩子喜欢做的事情有很多，那么他的生活也将更加丰富多彩。有些孩子不但喜欢读书，而且还喜欢唱歌、跳舞、跑步、饲养小动物等，那么，他就会让自己长久处在一种比较愉悦的状态中。可是如果一个孩子只喜欢看电视而没有别的乐趣的话，假使有一天没有他喜欢的电视节目了，他又找不到其他感兴趣的事情，那么他的情绪必将十分低落。

3.让孩子多交朋友

事实证明，那些性格内向、孤僻的孩子由于朋友很少，所以更容

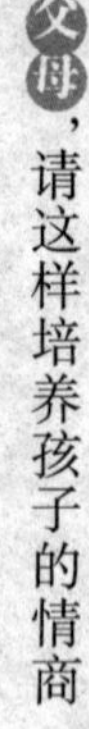

易产生悲伤的感觉。父母要鼓励孩子多交一些性格开朗的朋友。当孩子遇到困难和挫折的时候，他的朋友就会在身边鼓励、宽慰他，孩子在性格开朗、乐观的朋友的影响下也会逐渐变得豁达起来，心胸也会逐渐宽广。久而久之，孩子的性格也会变得比较乐观。

4.让孩子在鼓励和肯定中乐观起来

每个人都希望得到他人的肯定，孩子当然也不例外。细心的父母会发现，当孩子完成一件别人交给的任务并及时地得到鼓励后，孩子的脸上就会洋溢着幸福的笑容，这时他们也能进行自我肯定，并且树立起自信心。这样一来，在无形之中孩子就会变得乐观起来。如果孩子总是受到周围人的批评，那么他的情绪就会越来越消极。所以父母要及时地肯定孩子的长处、优点，孩子会在父母的鼓励和赏识下变得乐观起来。

5.不要压制孩子悲伤的情绪

每个人都会遇到一些不顺心的事情，很多孩子在遇到困难或伤心的事情的时候就会哭泣。此时，很多父母却对孩子表现出厌恶的样子，要求孩子立刻停止哭泣，如果孩子没有听从父母的意见，就会招来一场责骂，有时父母甚至还会动用武力解决。可是如果长期这样下去，孩子的不良情绪得不到有效排解，那么，他就会变得越来越悲观。所以父母不要压制孩子的悲伤，如果孩子想哭，就让他大声地哭出来，等到哭完以后，孩子的情绪就会恢复正常。

6.努力变成乐观的父母

父母是孩子的第一位老师，父母的处事方式会在无形之中影响孩子。所以要想让孩子乐观起来，父母首先要变成乐观向上的人。当遇到不如意的事情的时候，父母要保持自信、乐观的心态，孩子在父母的耳濡目染之下也会变得乐观起来。

培养孩子的独立自主性

从20世纪80年代开始，我国出现了第一批独生子女。从那时开始，人们对于独生子女的讨论就从来没有停止过，而其中最火爆的话题莫过于独生子女的独立性问题。

相比于非独生子女来说，独生子女承担了来自长辈的更加厚重的关爱。无论是爷爷奶奶，外公外婆，还是爸爸妈妈，都把孩子视作家庭的希望。很多父母不忍心让孩子做半点事情，他们总喜欢替孩子做完所有的事情，这些孩子最重要的任务就是坐下来享受父母的劳动成果。

父母们这样无怨无悔地付出，表面看来是出于对孩子的爱，可是却不利于孩子的长远发展。毕竟，父母不能永远陪在孩子的身边，父母在教育孩子的时候，首先应该教会他们生存的本领，让他们学会克服生活中遇到的种种苦难，而不是让孩子学会享受。那些家境贫寒的孩子正因为很早就认识到了生活的艰辛，他们明白自己应该怎样做才能争取到想要的幸福，所以这些孩子往往比同龄人要早熟，他们的独立性也更强。

独立性的强弱直接关系到孩子未来的发展，它是促使人内在发展的动力。独立性强的孩子在遇到困难的时候，往往表现得更加果断和坚毅，他们通常也更加自信。他们喜欢依靠自己的双手直面各种考验，而不是人云亦云。而缺少独立性的孩子做事的时候总是会瞻前顾后，前怕狼后怕虎，表现得没有主见。

小光是一个小学四年级的学生了，这个小男孩非常聪明，他的学习成绩很好，经常代表学校参加各种各样的知识竞赛。每当看到孩子捧着一份份红红的荣誉证书回家的时候，妈妈的脸上就会洋溢出一种幸福而又自豪的微笑。小光的妈妈总以自己的教育方式取得了不错的成效而沾沾自喜，她会给孩子做各种好吃的进行奖赏。可是她发现，随着年龄的增长，孩子变得越来越没有主见了。不管父母吩咐什么事情，他都会答应，和其他小伙伴在一起的时候，小光也总是处于被领导的地位，很少听到他发表自己的观点。

有一次，几个小伙伴偷偷地商量着要去小河边玩，因为他们在不久前的一个下午发现了河边的一棵大树上竟然有一个很大的马蜂窝，所以他们这次商定要把那个马蜂窝“一举拿下”。几个小家伙不谋而合。当他们问到小光的时候，小光其实很不想去。因为妈妈曾经告诉过他，河边很危险，绝对不能到河边去玩。可是他又害怕小伙伴说他胆小，因此而疏远他，所以他还是硬着头皮和其他人一起去了。

于是几个人就一路高歌来到小河边，他们找了一些小石头就开始试图击落那个高高的马蜂窝。小光看着一群黑压压的马蜂不停在马蜂窝的表面爬来爬去，突然有一种想吐的感觉。这时不知道是谁大喊了一声：“快跑！”几个小家伙就立刻四散逃开了，还没等小光反应过来，几只马蜂已经怒气冲冲地向他飞了过来。小光一边不停地用双手在自己的头上拍来拍去，一边逃跑。这时他竟然一不小心掉进河里了，幸亏在不远处有一个会游泳的叔叔，这才把小光救上岸。

后来小光告诉妈妈，其实他很不想去，但是又怕给小伙伴留下胆小鬼的印象。妈妈看到儿子竟然成了这副模样，忍不住鼻头发酸。但是她还是带着心疼的口气埋怨了小光几句："明明知道自己害怕马蜂，干嘛还要和他们一起去？你不去的话，他们又不能把你怎么样。宝贝儿，遇事的时候你就不能用自己的脑袋想一想？为什么要一直跟在别人的屁股后面呢？你就不能有一点儿主见吗？"

相信诸位已经看出来了，小光是一个缺乏自主性的孩子。而这是妈妈的不正确教育方式导致的。因为，以前不管做什么事情，总是妈妈说了算，小光从来没有一个表达自己观点的机会。后来他认识到，如果自己提出了不同的观点，很可能导致父母的不悦。于是长期下来，小光养成了对他人唯命是从的习惯，他很害怕自己的言行有可能导致一些人的不快。表面看来，这孩子很听话、很乖，但实际上这代表的是他已经没有了生活的自主性。

没有自主性的孩子永远找不到自己生活的方向，他们会经常变换自己的选择。这样的孩子往往缺乏创造性，他们总是希望能够和别人做一些类似的事情，这种情况下就不会招致一些不快。可是正因为如此，很多孩子变得越来越失去自己。

一个没有主见的人必将成为命运的一枚棋子，他们的生活会丢失很多原本有趣的东西。父母要让孩子明白，不一定别人做什么事情自己就应该做什么事情。不能因为别人的好恶而轻易地改变自己。

父母应该知道的

父母要让孩子变得更加独立、有主见，就要从以下几个方面做起：

1.父母要勇于放手

父母不能保护孩子一辈子，要明白孩子最需要的是独立生活的能力。教育孩子的正确方法就是要着眼于孩子的未来。

相信大家都熟悉并喜爱印度电影《流浪者》。电影里的法官和拉兹是由现实生活中的一对父子帕里维拉和卡布尔扮演的。

在影片中，帕里维拉扮演的法官是一个反面角色，他性格偏激，令人厌恶，但是在生活中，帕里维拉却是一位不可多得的好父亲，卡布尔之所以有后来的成就，和帕里维拉的教育是分不开的。

帕里维拉是一位名演员，儿子卡布尔年少时有一种很强的优越感。在剧团里，他很是飞扬跋扈，不把任何人放在眼里。

帕里维拉看在眼里，深深地感到应该端正儿子的态度，让他学会谦虚和尊重别人。

一天，帕里维拉表情严肃地把卡布尔叫到跟前，对他说："我们是父子，在家里，我们当然可以像普通父子那样说笑打闹。但是，你要记得，在外面，你就是一个普通人，应该像所有的普通人一样，走自己的路，而不是在我的光环笼罩下生活。"

帕里维拉给儿子订立了规矩：不许张扬自己的身份；不能狂妄自大、不尊敬他人；不许一登台就演主角。

卡布尔很聪明，且善于接受他人的意见，他下定决心一定要改掉自己的缺点，做一个堂堂正正的人，走自己的路，成就自己的事业。

经过这次谈话，卡布尔不再狂妄自大，他像所有普通人一样，从头做起，苦练基本功，从不披露自己的身份，直到18岁才开始走上银幕，而且正如和父亲约定的那样，演的都是配角。

帕里维拉的朋友曾对他表示质疑，并向帕里维拉建议说，卡布尔很有才华，只要帮他一把，他就可以功成名就。

对于这些善意的建议，帕里维拉总是给予这样的回答："想要成名很容易，但是如果在我的提携下成名，只会害了他。他只有走自己的路，拥有了丰富的生活经验和深厚的艺术功底，才能让自己的艺术生涯更加长久。"

就是这样，在帕里维拉严格的教导下，卡布尔一天一天地进步，终于在《流浪者》中展示了他的才华，向世界证明了他的实力。

卡布尔成名后并没有松懈，他牢记父亲曾说过的话：走自己的路，不断前进。

2.生活中的小事要让孩子自己做

5岁的晶晶看起来聪明伶俐，可是她却喜欢依赖别人。在幼儿园的时候，别的小朋友都是自己捧着小碗吃饭，可是她却坚持让老师喂；上厕所的时候要让老师帮她脱裤子；午睡起床的时候还要让老师帮她穿衣服。幼儿园的老师把这种情况告诉了晶晶的妈妈，妈妈说她从来舍不得让晶晶动手做任何事情。

后来，在老师的耐心指导下，晶晶终于学会了穿衣服，尽管花费了很长时间，但是她还是显得很高兴。妈妈接她回家的时候，她急忙把这

个消息告诉了妈妈。妈妈起初还不相信，但是晶晶执意要穿给妈妈看，她接过妈妈手中的外套，有模有样地穿起来。因为是第一次自己穿外套，晶晶在慌乱之中扣错一个扣子。即便如此，妈妈还是表扬了她，这时候妈妈才发现，不是晶晶不会自己穿衣服，而是自己从来都没有给女儿提供这样的机会。

从那以后，妈妈就注意让孩子做一些力所能及的事情，后来妈妈发现晶晶变得越来越独立了。

孩子之所以变得独立性较弱，不能自主地解决一些问题，往往都是父母错误的教育方式导致的。所以从今天起，对孩子自己可以解决的事情，父母就不要再插手解决。不能因为孩子做得不好或者会用大量的时间，就把孩子独立做事的权利给剥夺。父母要尝试着“权力下放”。

3.把孩子当成一个独立的个体

很多父母认为，孩子的年龄还小什么也不懂，因此他们往往把孩子当做“透明人”一样，在讨论问题的时候从来不给孩子留出发表自己见解的机会，当孩子犯错的时候，也从来不会给孩子解释的机会。这种做法都不对。父母应该把孩子当成一个独立的个体，当进行一些决策的时候，不妨让孩子说说自己的想法。

当然，孩子的意见可能对于解决问题没有特别大的帮助，在有些父母看来，听孩子说出想法是浪费时间，可是孩子在这个过程中却体会到了作为一个独立个体的成就感，慢慢地，他们的独立性就会越来越强。

4.给孩子选择的权利

开学前，妈妈带着慧慧去买学习用品。琳琅满目的商品让慧慧看得有些眼花缭乱了，后来她看上了一块很漂亮的橡皮。可是妈妈却认为，那块橡皮只是做工精美，看起来好看一点，但是却很不实用。因此妈妈不主张买那块橡皮。于是慧慧的情绪就有些低落了。妈妈忽然想到，不能压制孩子的想法，于是就拉着慧慧把那块做工精美的橡皮买下了。

要想培养孩子的独立性和自主性，就要尊重孩子的选择，因为孩子的选择正是他们个人意志的体现，如果一直长期受到压制，那么必将导致孩子对外界的事物唯命是从，缺乏主见。

5.让孩子自己解决人际交往中的难题

尽管孩子的人际交往圈子还很小，但是他们和成年人一样，同样会遇到各种各样的问题。当孩子向父母倾诉自己遇到的问题时，父母不要代替孩子解决，而应该在一旁进行引导，让孩子自主地解决遇到的困难。孩子的潜力是无限的，他们可以做更多父母意料之外的事。所以当孩子想要自己做事的时候，父母不要去制止，而是积极鼓励他去同别人交往，去解决于朋友间产生的摩擦。

6.要鼓励孩子的创造性

孩子的独立自主性的最高表现形式就是孩子的创造性。父母要鼓励孩子做一些小创作，而不应该把孩子喜欢动手的习惯视作调皮捣蛋。例如，有些孩子学了植物的繁殖方式的知识后，自己也想尝试着嫁接出一种新的植物，这时候父母不要一味地阻拦，而要要在一帮进行指导，帮助孩子认识植物的生长过程。即使孩子的实验失败了，他们也能学到很多知识。另外，还要鼓励孩子参加一些小小的发明比赛，当孩子取得了一点成就时，父母要及时地进行表扬和鼓励。

第五章

严抓品德教育，教孩子学做人

要想让孩子成才，先要让孩子学会做人。如果孩子的品德出现了问题，那么，不管孩子有多么聪明，他也不会成为一个栋梁之材。良好的品德是孩子将来取得事业成功的前提。本章旨在告诉为人父母者如何才能让孩子学会尊重他人，学会诚信待人，如何让孩子成为一个乐于助人、有责任心的人……

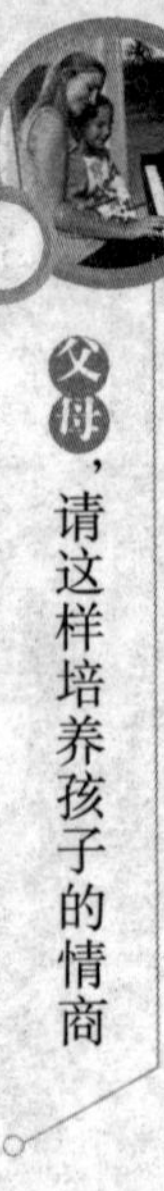

无论何时都不要忽视对孩子进行品德教育

2007年5月，一段学生侮辱年迈老师的视频在网上疯狂流传。这段视频持续了几分钟，视频中，班里二十多名学生在不停地嬉笑打闹，根本就不顾年迈的老师正在讲课。后来，一个戴着耳钉的学生突然冲上讲台，不由分说地将老师的帽子摘下，一时间惹得班里其他同学哄堂大笑，还掺杂着对老师的辱骂声。老师无奈地看了看学生，只好继续讲课。后来这名学生就回到了自己的座位上，但是又从他的嘴里传出来一句辱骂声。这时，坐在后排的男生拿起一个矿泉水瓶子，毫不犹豫地砸向了黑板。

“你上不上课？咱们一再讲，你们不要影响别人。”被逼无奈的老教师转过身来说道。

可是这些学生根本不理会老师的话，而且好几个学生开始起哄。

2008年5月12日，汶川发生了特大地震，一时间全国上下都被无比悲伤的气氛包围。

地震发生后，全国人民纷纷献出自己的爱心，有的赶赴汶川参加了救援队，而大部分人还是选择了向灾区捐款捐物。可是不久后，竟然发生了一件令所有人十分愤怒的事。5月21日，有一段视频在网上迅速流传，一名女子在视频中恶毒地破口大骂，而她的辱骂对象则是灾区的人民，其原因仅仅是因为当月国家为了悼念死难者而停止了一切娱乐活动，因此这名女子无法像往常那样玩一款网络游戏，这令她感到无比难受，因此她就把自己的怒火发泄到了灾区人民身上，声称灾区人民是罪有应得。她把自己的这段视频上传到了网上，万万没有想到自己的行为竟然会激怒全国人民。

人们无法想象，为什么年纪轻轻的孩子竟然没有起码的同情心。不久之后，该女子的父亲公开向全国人民尤其是四川人民道歉，其中有一句话发人深省，他这样说道："这都是因为我们做父母的没有管教好她造成的。"

2009年10月23日，有一位网友在一个名为"宽带山"的论坛上转发了一段长达5分12秒的视频，视频的主角是一个被称为熊姐的女中学生。据说，事件起因就是另外一名女生抢了她的男朋友。视频中的熊姐从背后冲上来一脚踹到这位女生的腰部，被踢女生立即倒在地上，随后那位被称为熊姐的中学生用脚猛踹其腹部。这时旁边还有不少学生在围观，可是没有一个人走上前去试图阻拦，那个被打的女生也没有进行反抗。

……

这些事例虽然极端，但是由此却不难发现，时下，一些孩子的品德状况已经到了令人十分担忧的地步。其实，孩子入学后的第一堂课就是思想品德教育，每个班级的前面都会张贴着学生守则，上面赫然写着"关心他人"、"和睦相处"、"助人为乐"等，在日常生活中也随处可见一些警示性的标语，可是现在看来，这些守则或者标语并没有发挥什么作用，很多孩子经常游离在道德的边缘，并且不但不以此为耻，反倒因为自己的标新立异而感到骄傲和自豪。

如果说，上述行为只是发生在家庭之外，那么，发生在家庭内部的事情就显得更加让人难以忍受了。现在又出现了一种全新的家庭暴力，当然，说是全新的家庭暴力，并不是说施暴人员运用了什么特殊的高科技施暴工具，而是因为实施家庭暴力的人员发生了很大的变化。以前，当人们想到家庭暴力的时候，首先想到的是夫妻之间实施的家庭暴力，有时也有父母向孩子施暴的现象，而最近，这种暴力已经升级到了孩子殴打家庭成员。

有报道说，有一个16岁的女孩竟然因为和奶奶争着吃包子而把年近古稀的老人推倒在地，导致老人小腿骨折。

另外，还有一名骄横无礼的高中生竟然打了外祖父17个耳光，老人当场晕厥过去了。不幸的是，这偏偏又诱发了老人的心脏病，不久之后，他就含恨离开了人世。孩子的母亲感到非常痛苦，她用尽了各种办法想要改变孩子，可是这个孩子的心竟然像铁石心肠一样不为所动。

……

孩子的种种行为让人们十分担忧。常言道“养不教，父之过”，孩子的品德之所以到达今天这个地步，和父母的教育方式有很大关系。父母总认为让自己的孩子越来越聪明，将来考取一个不错的大学，那么就会有一个不错的未来，所以非常重视开发孩子的智力，但是却忽略了应该对他们进行品德教育。他们认为，只要孩子长大了自然就会慢慢懂事了，其实不然，很多人之所以误入歧途，就是因为小时候父母没有对他们进行有效的品德教育。

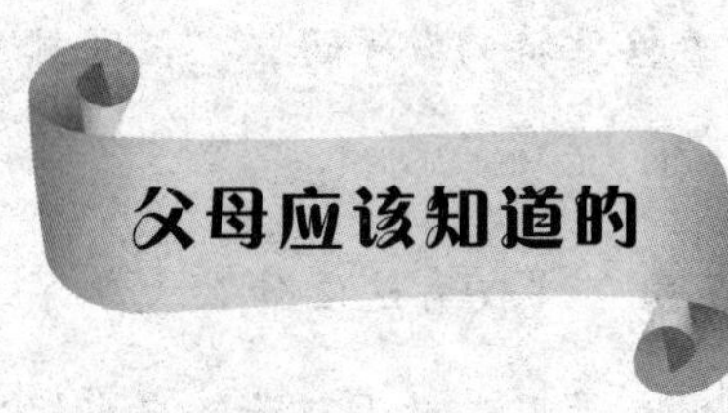

父母应该知道的

无数事实已经告诉我们，孩子的品德现状不容乐观。那么，父母在培养孩子良好的品德时应该从哪些方面做起呢？下面的几条建议也许能给您带来一些帮助。

1.杜绝低俗的教育

教育家赛德兹认为，一个人品质的好坏，完全取决于其幼年接受的教育。的确，父母的教育是孩子品质形成的关键因素，而一些父母总是责怪自己的孩子不好，说他们不听话，缺点太多，甚至说他们糟糕透了，但就是不明白这样一个道理：低俗的教育只能培养出低俗的品质。

一次，塞德兹回家时路过哈塞先生家，他看到了哈塞教育儿子的情景。

“格兰特，你到底在做什么，怎么把这双刚给你买的新鞋弄坏了呢？”

“我在同小伙伴做游戏的时候……不小心被一颗钉子划了一下……”格兰特小心翼翼地回答道，眼睛不敢看爸爸。

“什么？做游戏时被钉子划了一下！”哈塞先生生气地说，“跟你说过多少遍了，不要和那些孩子们瞎闹。钉子划破了鞋子没有多大关系，可是如果划着了脚该怎么办呢？那样会使你变成残疾人的。”

这时，格兰特委屈得都要哭出来了。

“哈塞先生，”塞德兹笑着向他打招呼，“这是怎么了？看看我们的小格兰特多难过呀！”

“他有什么好难过的？”哈塞先生指着格兰特的鞋子说，“他居然把刚买的新鞋弄成了这样子。”

“这又怎么啦？”塞德兹一脸的不在意，“我看这没什么大不了的。一条小划痕而已，并不影响鞋子的作用和美观。对于孩子，应当把道理给他讲清，完全没有必要这么严厉。”

“塞德兹，你是不知道啊，对于这样调皮的孩子，如果不严厉，他会变得无法无天的。”哈塞先生说。

哈塞先生对儿子格兰特的做法看似合理，其实并不明智。鞋子已经弄坏，责骂已经没有作用，而应以合理的态度来教育孩子以后小心。孩子弄坏鞋子后已经很难过了，再因此被责骂，就会更加难过，使孩子陷入深深的自责和不安中。

另外，哈塞先生说钉子会划伤脚导致残疾，这种夸大事件危害的做法会使得孩子越来越胆小。

更重要的是，哈塞先生认为格兰特与别的孩子一起玩是瞎闹，这样，会使孩子把事情的不良结果完全怪罪到别的孩子身上，他会想，假如不跟他们玩就不会有这样的事了。如此一来，自私的不良品质就会出现。久而久之，孩子无论做什么事情，都会首先考虑自己的利益，然后才去想帮助别人。

2.提高孩子的道德意识

很多孩子以自我为中心，凡事都依照自己的性子来，只要自己高兴，想怎么样做就怎样做。在他们看来，尊老爱幼、爱护公物、拾金不昧、助人为乐、乐于奉献、大公无私等品质都显得十分滑稽可笑。这是孩子缺少同情心和爱心的表现，久而久之，就会使其道德意识日益淡薄，这对孩子今后的成长是极其不利的。

3.强化孩子的法制观念

很多孩子缺少应有的法制观念，他们的心智还很不成熟。有些孩子为了得到一些零花钱不惜外出抢劫，很多青少年则会因为讲义气或者泄愤而三五成群地寻衅滋事。他们做出这些举动的时候，根本没有意识到会有多么严重的后果出现。人们经常可以在电视上看到那些犯罪分子的忏悔，很多人是因为根本就不了解法律法规而一时冲动酿成了不可原谅的过错。

4.培养孩子的民族情感

民族意识是一个民族的共同心理特征，它是在一个民族形成和发展的过程中逐渐稳定下来的。民族意识遍布在民族的物质文化和精神文化的每一个角落，每个人都应该热爱本民族的历史和优良的文化。父母应该教育孩子热爱祖国源远流长的优良文化传统。

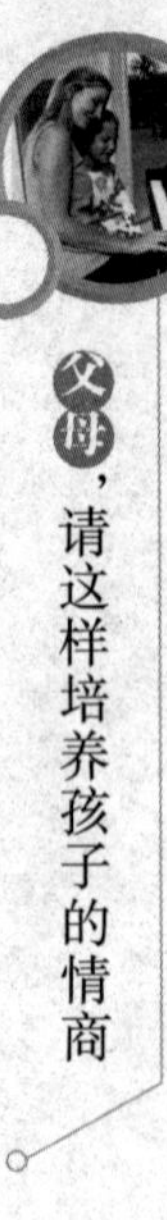

高尚的品德成就孩子美好的人生

调查研究表明，所有的成功者都有一个共同的特点，那就是他们拥有高尚的品德。当然，这种高尚的品德不是与生俱来的，而是在他们的奋斗过程中逐渐塑造的。他们遇到种种困难和磨难时，高尚的品德就会发挥自身强大的力量，让他们披荆斩棘取得事业的成功。所以说，高尚的品德是一个人成功必备的条件，他不仅是一个人的灵魂，还是生活的基石。

有一个发生在华盛顿的三十多年前的故事。

那是一个寒冷的冬天，天空灰蒙蒙的，到了下午，窗外飘起了雪花。医院里还是和往常一样弥漫着一种特殊的气氛，不时地会从某一个病房里传来一声撕心裂肺的哭喊，路西知道，肯定又有人奔赴了那个叫做天堂的地方。不过，偶尔也会有一些兴奋得有些失控的声音传来："上帝啊！生了，生了！"那时，往往会看见一个年轻男子兴奋的笑容，仿佛他是这个世界上最幸福的人。医院里有两扇门。有一扇门是冰冷的，不管你有多么地不舍，它还是会把你的亲人或者朋友送到另一个世界，只留下孤独的你饱尝人间的酸甜苦辣；医院里还有另外一扇门，在这扇门前面堆满了鲜花、家人的期盼，那一个个鲜活的生命就是从这扇门里被送出来的。

路西刚刚11岁，但是由于家境贫寒，她似乎显得有些早熟。她刚刚从妈妈的病房里走出来，此时的她无暇顾及周围的人是痛苦还是幸福，外面的一切声响对她来说都像是来自远方的背景音乐。母亲的病情已经非常严重了，如果今天她筹不到医药费，那么明天母亲会被赶出医院。无能为力的路西坐在医院走廊中的座椅上，过了很久很久，走廊里渐渐地平静下来了，只剩下路西一个人还在为了医药费的事情而苦恼。那时，她真希望上帝能够派给她一个使者，帮助她救救她的妈妈，可是她知道这样的可能性几乎为零。

忽然，一阵很急促的脚步声传来，只见一个衣着华丽的妇人行色匆匆地从楼梯上走下来。她可能是走得太匆忙了，就连腋下的皮包掉了下来也没有察觉。筋疲力尽的路西本来不想动，可是看看走廊里空无一人，她还是走上前去把皮包捡了起来，并连忙追出门外。可是那位年轻的妇人却拦下一辆出租车扬长而去了。

于是忐忑不安的路西拿着皮包回到了妈妈的病房里。小姑娘小心翼翼地打开了皮包，顿时被眼前的一幕惊呆了：里面竟然整整齐齐地放着一沓沓的钞票，整整十万美元。除了这些还有一些文件。母女俩知道，如果自己拥有这些钱，就完全不必再为医药费的事情发愁了，可是妈妈却对路西说，不是自己的钱不能用，做人不可丢掉最基本的品德。所以，她要求路西拿着皮包回到原地等候失主。

午夜时分，路西看到那个妇人在一名男子的陪同下回到了医院，经过确认后，路西把皮包还给了他们。原来，那位男子是妇人的丈夫，夫妻俩在经营一家公司，他们告诉小路西，皮包里不仅有10万美元，更重要的是还有一份十分重要的商业机密。为了感谢路西母女，商人尽了最大的努力来救治路西的母亲，可是最终，路西的母亲还是抛下了年仅11

岁的女儿去世了。商人得知路西在这个世界上再没有其他亲人的时候，当即决定收养路西。

因为有了那份失而复得的商业机密，商人准确地把握了市场信息，他的生意如日中天，不久，他就成为一个远近闻名的富翁。善良的路西在商人的精心培养下，以优异的成绩顺利读完了大学，毕业后就回到商人的身边帮助他处理公司的业务。虽然商人从来没有把公司的大权移交给路西，可是俗话说“青出于蓝而胜于蓝”，在商人的耳濡目染之下，路西迅速成长为一个商业奇才。后来，每当商人想要采取重大举措的时候，都要征求路西的意见。

后来，商人要死去了，临终前留下了一份遗嘱，遗嘱中这样写道：“在我很小的时候邻居们就说我很聪明，我的商业头脑在年轻的时候就已经得到了验证。少年得志的我在认识路西母女以前就已经很富裕了，那时候我和我的太太一直以为我们是很富有的人，因为我们拥有很多金钱。可是多年前的一个夜晚改变了我愚蠢而幼稚的想法，当我面对一对陷入绝境的母女时，我知道她们才是富有的人。尽管她们已经到了身无分文的窘困境地，可是却依然坚守着至高无上的品德，这正是一个成功的商人所需要的基本准则。在那以前，我的财富都是通过商业上的尔虞我诈、勾心斗角得来的，路西母女的举动让我明白了，一个人最珍贵的财富就是拥有高尚的品德。有些人认为我收养路西是出于同情，也有一些人认为我收养路西是为了感谢她们母女，这些说法都不对。其实，我是想让路西成为我做人的楷模，因为她在我身边的时候，我会时时刻刻地提醒自己哪些事情该做，哪些事情不该做。有她的存在，我还会告诉自己哪些钱可以赚，而哪些钱不可以去赚。现在的我已经成了一个亿万富翁，但是我知道，如果没有路西做我的榜样，那么我永远不会有现在的成就。我决定，等我去世以后，我的全部资产都将由路西继承，我之所以这样做，是为了让我创下的企业有一个更加美好的未来。我相信，我的儿子一定会理解我。”

后来，商人在国外留学的孩子匆匆赶回来看望弥留之际的父亲，当他看完父亲的遗嘱后，立刻在上面写下了这样一句话：“我完全同意父亲的意见，只是希望路西能够成为我的妻子。”路西看着商人的儿子写下了这样的话，她低着头思考了几秒钟，然后也提笔写下了一句略显俏皮的话语：“我愿意继承养父留下的所有财产——包括他英俊的儿子。”

可以说，这个故事是个喜剧，给了我们一个“好人有好报”的结局。也许你会说故事中的路西是个幸运的女孩，因为她遇到了那位富商。没错，路西的确是个幸运的女孩，但是她的幸运并不在于她遇到了那位富商或者得到了财产和帅气的小伙，而在于她拥有一位品德高尚的母亲，她的母亲即使在最需要金钱的时候也毫不犹豫地以实际行动向女儿传达出“不该得的钱无论如何都不能得”的做人原则，身体力行地教给了孩子做人的美德。

父母应该知道的

对于任何人而言，要想做对事，首先就要做好人。无论是谁，终其一生不可丢弃的功课就是“做人”。一个孩子，如果从小没有接受保持良好品德的教育，那么在其成长的过程中就可能因为受到某种诱惑而导致思想不坚定，从而偏离"做人"中心。而一旦这个中心发生偏离，那么孩子以后的人生轨迹便会发生质的改变。作为父母，有责任帮助孩子选对人生轨迹，做顶天立地的人。然而，培养孩子的高尚品德也的确不是一朝一夕就能完成的事情，它是一个循序渐进的过程，需要父母有耐心、有恒心地去保持，与此同时，还需要要采取一定的科学方法和灵活的技巧，才能让孩子成为高尚的人、有用的人。

1.父母应以身作则

周末，路易斯先生带着他的两个儿子去打迷你高尔夫球。来到售票柜台，路易斯先生问道："请问一张门票多少钱？"

"大人的门票是一张200美元，7岁以上的小孩子也跟大人一样要200美元，刚好7岁或小于7岁的小孩子是免费的。请问，您身边那两位小伙子多大了？"售票小姐说。

路易斯先生看了看那两个小家伙说："你看，那个未来的足球明星是5岁，那个未来的律师已经8岁了，所以，我想我得付400美元了。"

那位售票小姐笑着说："嗨，先生，您是不是中了什么大奖了？其实您只要告诉我，较大的那位小伙子7岁，您就可以省下200美元了。我看不出那位未来的律师先生到底是7岁还是8岁。"

史密斯先生笑着说："是的，你说得没错，你看不出这有什么不同，可我的孩子们却知道那是不同的。"

孩子们知道诚实和撒谎是不同的，知道对和错不同。所以在孩子面前，父母做每一件事都应该慎重，因为孩子是知道评价和效仿的。

2.父母应动之以情，晓之以理

一个夏日的傍晚，苏菲娅跟外祖母坐在花园里乘凉。

“学习知识实在是一件非常美妙的事情！”苏菲娅神采飞扬地对外祖母说。

“知识是那么的美妙！”苏菲娅又重复了一遍，“我今年才 6 岁，妈妈却说我比她12岁的时候懂得还要多。我总是跟小伙伴们一起读各种各样的书，讨论各种各样的问题。妈妈曾经对我说，我们是因为知识才更聪明的，而且整个世界都比从前聪明了很多。外祖母，难道您不这么认为吗？”

“嗨，孩子，”老人严肃地说，“知识美不美妙，关键是看把它用在什么地方。用在好的地方就可以成为幸事，用在不好的地方就会变成祸害了。知识可以使力量增长，而力量则有好坏之分。”

苏菲娅不解地问：“我还真是不太明白您的话，力量怎么还有好坏之分呢？”

“是的，有好有坏。”外祖母不急不慢地说，“其实道理很简单，比方说，当马的力量被控制时，它就可以用于拉车、驮人、驮东西；但是一旦它的力量失控，就会野性大发，会挣断缰绳，把骑手从背上甩下，同时，它拉的车子也会被撞得粉碎。再比如，当池塘的水有水渠的正确引导时，它就可以用来灌溉农田；可是一旦决堤，它就会冲走一切东西，毁掉所有的庄稼。还有，当船在航行中受到正确的指引时，扬起的风帆就会使它尽早到岸；可是一旦领航的方向错了，则船上的帆越多，其偏离航程就会越远。知识也是如此，倘若不好好驾驭使用，也会让人误入歧途。”

“我懂了！”苏菲娅说，“我明白了！”

“那么，”外祖母接着说，“如果你真的非常明白了我的话，那也请你一定要明白，知识必须正确地应用，才是件美好的事情。唯有善良的心灵能使学识渊博的头脑造福于人，否则就很可能成为祸害。”

父母在教育孩子的时候，要用自己的情绪感染孩子，让孩子认识到哪些是应该做的，哪些是不应该做的。让孩子明白，只有拥有美德，才能正确合理地运用自己所学的知识服务社会。

3.选择一些合适的文学作品让孩子阅读

大多数青少年对文学作品都有浓厚的兴趣，小说跌宕起伏的故事情节、歌曲动人心弦的旋律、诗歌的浪漫情怀、完美无瑕的童话世界都让很多孩子心驰神往。所以，父母不妨给孩子提供一些积极向上的文学作品让孩子阅读。需要注意的是，一定要选择那些生动曲折又贴近青少年生活的作品。让孩子接触积极向上的文艺作品是培养孩子高尚品德的不二法门。

4.提高孩子的自控能力

每个人都不可能孤立地存活下去，外界的种种事物经常会引起人们情绪的变化。出现这种情况本来无可厚非，但是一定要把自己的情绪控制在一定范围之内。生活中有很多事情让人感到不满，这时人们应当用合理的方式表达自己的看法，如果超过一定的限度或迁怒于人，那么人就会变成一个不道德的人。所以，父母应提高孩子的自控能力。

教育孩子要乐于助人

英国有一句谚语，叫做“赠人玫瑰，手有余香”。简简单单的一句话道出了乐于助人的魅力之所在。不管是在生活中还是在学习中，总会有一些乐于助人的人，每当周围的人需要帮助的时候，他们就会毫不犹豫地在第一时间伸出援助之手。当他们看到别人在自己的帮助下顺利地渡过难关的时候，自己也会感到非常快乐。所以，父母有责任教育孩子去积极地帮助别人，这是培养孩子高尚品德的一个重要内容。在助别人的同时，孩子的心灵会被洗涤，会体会到施与的快乐。

祖母给了艾丽丝1美元，于是，艾丽丝第一次拥有了自己的钱，她赶忙把这些钱放在了自己最喜爱的那个小绿盒子里，像宝贝一样珍藏着。

艾丽丝还没有想好用这些钱做什么，不过，她每时每刻都在想这件事情，直到有一天，她经过一个糖果店，透过商店的橱窗，她看到那里面有好多可爱的糖果。她终于想好自己该买些什么了。于是她急忙跑回家，从那些钱里取出10美分，来到了食品商店。

站在食品店门前，艾丽丝激动难耐，她紧紧握着手里的10美分，抬脚要上台阶的时候，发现旁边有一个乞讨的小女孩，这个小女孩比艾丽丝小一点，她脸色苍白，样子可怜极了。艾丽丝想起了平时长辈们总教育自己要有同情心，要帮助需要帮助的人。

艾丽丝判断，眼前这个脏兮兮的小女孩就是一个弱者，是需要帮助的人，于是艾丽丝朝那个小女孩走了过去，问道："你在看什么呢？"

那个乞讨的小女孩说："我想吃商店里的那个菠萝面包，我一整天没吃东西了。"说着就流出了眼泪。

艾丽丝站在那里，看着那个小女孩。好长一会儿，她想到自己虽然每天吃得不是很好，但却并不曾挨饿。于是她就跑到商店里，买下了那个菠萝面包送给那个小女孩，看着小女孩吃面包的样子，艾丽丝觉得很幸福，那种感觉比把诱人的糖果吃到自己嘴里还要甜蜜。

对于孩子的善心，一定不要制止，而应予以支持。很多时候，由于成长环境的改变，孩子们的心灵也有了相应的变化。比如，如果人与人之间日趋冷漠，那么孩子们幼小的心灵也会冷漠起来，而一个不懂得向他人伸出援手的孩子，其性格是不完善的。由于年龄的限制，很多孩子还不能理解帮助别人的重要意义。不过庆幸的是，几乎所有的孩子天生都有很强烈的同情心和爱心，当他们看到别人的不幸时，会变得闷闷不乐；当他们看到和自己年龄相仿的孩子还在忍饥挨饿时，就会留下伤心的泪水。父母可以借助孩子的同情心而培养他们乐于助人的优良品德。

父母应该知道的

有很多孩子喜欢帮助别人，因为在他们的眼中，别人的困难就是自己的苦难。另外一部分孩子对身边的人和事物却表现出极大的冷漠，其实这是一种自私的表现。这些孩子把眼光放在了自己的需求之上，那些看起来和自己无关的事情不会引起他们的注意。通常情况下，那些自私自利的孩子往往处于被孤立的状态。他们总喜欢在远处观望小伙伴的一举一动，因此他们生活得并不快乐。父母有责任培养孩子助人为乐的美德，这既是为了弘扬人性的光辉，也是为了给孩子多一份快乐源泉。

1.首先要培养孩子助人为乐的意识

要想让孩子具有助人为乐的优良品德，首先就要让孩子具备助人为乐的意识。父母可以给孩子讲述一些助人为乐的故事，然后和孩子进行适当的讨论，在这个过程中，孩子就会逐渐养成善于观察别人、关心别人的习惯。

2.指导孩子用恰当的方式帮助别人

当孩子有了助人为乐的意识的时候，下一步就该付诸实践行动了。父母要教育孩子，采取行动的时候一定要注意方式、方法，否则不仅帮不到别人，还可能导致不必要的误会出现。

有一次课间休息的时候，玲玲小心翼翼地从书包里掏出来一小袋饼干，可是她费了好大劲也没能把它打开。一旁的小雨想帮助玲玲打开饼干，于是一把就把玲玲手中的饼干夺了过来。玲玲以为小雨要抢她的饼干吃，于是她也毫不示弱地抢夺起来。幸亏老师及时赶到，所以后果还不是很严重。

小雨本来是想帮助玲玲的，可是由于他的动作过于粗鲁而导致了一场误会。所以，父母一定要教育孩子应该用正确的方法帮助别人。例如，在帮助别人之前可以询问对方是否需要帮助，这样就可以避免很多误会。

3.父母以身作则，做乐于助人的榜样

不管什么时候都不能忽视榜样的力量。父母要教育孩子助人为乐，那么，自己首先应该乐于助人。外出时，如果遇到需要帮助的人，一定要伸出自己的双手，不管需要帮助的是陌生人还是自己的朋友，都应该向他们传达自己的友好。乐于助人的品德体现在一个个细节上，例如在公交车上主动给老年人、病人以及孕妇让座等。

4.帮助孩子将心比心

将心比心是在培养孩子乐于助人的品德时经常用到的一句话，也是最有效的一句话。例如，当有人摔倒的时候，可以让孩子设想一下摔倒的人会有什么样的感觉，孩子就会体会到别人现在遇到的痛苦，他们就会立刻采取行动帮助别人。

教育孩子要诚实守信

现在尼泊尔境内的喜马拉雅山南麓，时常会出现很多外国人观赏风景的身影。他们大都神色悠闲，希望能够在这个异国他乡找到自己心中的美景。其实，以前这里人烟稀少，更不要说有外国人前来观光了。而现在这个地区经常会有很多外国人游览，其中最多的就是日本游客。据说，这和一位尼泊尔少年的诚信行为有很大的关系。

有一次，几位日本有名的摄影师结伴来到这里采风。这几位兴致勃勃的摄影师忽然起了酒兴，于是他们找来了当地一名少年。

“嘿，小伙子，请你帮个忙怎么样啊？”一个脖子上挂着黑相机的摄影师向少年说道。

“有什么事情就请说吧。能为你们提供帮助将会使我很高兴！”那位少年兴奋地说道，因为少年知道这是从很远的地方来的人，他们都有一个叫做照相机的东西。听说那个东西只要“咔嚓”一下就能把人的模样给弄出来。

“我们想喝酒了，可是却不知道从哪里可以买到，你可以帮我们出去买酒吗？”摄影师继续说道，显然他已经被眼前这个可爱的小家伙吸引住了。

“当然可以！”少年很爽快地答应了，然后他接过了摄影师递给他的钱。“我很快就会回来的。”尼泊尔少年转身的时候说了这样一句

话，不一会儿就消失在了道路的拐弯处。

少年离开后，几位摄影师开始相互欣赏彼此的作品。大约过了三个多小时，那位少年气喘吁吁地从外面跑了回来，手中果然带来了两瓶酒。摄影师执意要付小费给少年，可是少年不要，在某一个瞬间他竟然还脸红了。他只是请求摄影师给他看几张他们的照片。摄影师们爽快地答应了。

第二天，少年又来到了摄影师聚集的场所，这次他自告奋勇地要求替他们去买酒。有了上次的经历，几乎所有的摄影师对这个小男孩的印象都不错，于是，几个人纷纷解囊，凑了很多钱给了这个少年。少年拿到钱的时候脸上洋溢着一种幸福的微笑，因为感觉自己存在的意义而欢笑。像上次一样，少年依然很快就从人们的视野中消失了，摄影师们开始等待活蹦乱跳的少年出现在他们的眼前。

时钟滴滴答答地走着，三个小时过去了，少年没有回来；五个小时过去了，少年没有回来……直到晚上睡觉前，少年依旧没有回来。摄影师们的心中犯起了嘀咕，后来就开始有人抱怨，不应该把那么多钱都交给一个陌生男孩。

第二天过去了，少年依旧没有来。

到了第三天晚上，摄影师们已经忍无可忍了。他们开始议论纷纷。

“我早说过，不应该给那个少年那么多钱。”

“你早干嘛了，现在说这些话，我们的钱肯定早被那个臭小子给花光了。”

“你们两个别吵了，他花了就花了呗，只要吃一堑长一智就行了……”

几乎所有的人都认为那个少年把买酒的钱装进自己的口袋里了，并且为此而懊恼不已。可是这时，摄影师寄居的小屋传来了一阵急促的敲门声，谁会在这个时间找上门来呢?

开门的人大吃一惊，原来站在门外的就是那个尼泊尔少年。

少年的脸上有几道被树枝划破后留下的血痕，他一手拎着一个袋子。还没等摄影师开口，男孩就以一种特殊的声调叙述自己的经历了。

“本来我以为自己很快就能够回来的，可是等我到达上次那个小卖部的时候，老板娘说只剩4瓶酒了，这和你们想要的10瓶酒差很多。我让老板娘无论如何再想办法凑足另外的六瓶，可是老板娘说她也无能为力。后来我求了很久，老板娘才告诉了我一个去处，但是她说，如果想去那里必须得翻过一座大山，然后再趟过一条河流，除此之外没有别的更好的找到酒的办法。于是我决定去山那边的小镇上买酒。等我到达哪里的时候，已经筋疲力尽了。都怪我太笨了，回来的时候又摔倒了一次，打碎了三瓶酒！”男孩哭着说了这些话。他把装啤酒的袋子放在地上后，又从口袋里往外掏东西，接着他把自己脏乎乎的手伸出来，原来是买酒剩下的零钱，这让所有在场的人为之动容。

尼泊尔少年的真诚感动了那几位日本摄影师，这成了他们尼泊尔之行最大的收获。回国后，他们把这个故事告诉了别人，于是越来越多的人被那个少年吸引着。现在，尼泊尔境内的喜马拉雅山南麓有那么多的游客，因为在很多人的心中，这个地方就代表着诚实守信。

不管什么时候，诚实的人总会受到周围人的欢迎。他们身上散发的人格魅力让无数人为之感动，有时候，这种魅力甚至会有震撼人心的力量。而那些夸夸其谈、不讲信用的人无一例外都会受到大家的唾弃。这样的人永远不会有真正的朋友。他们的言行不仅会给自己的生活带来坏

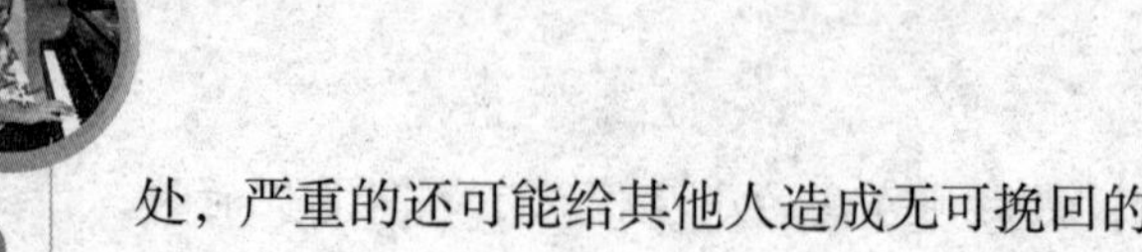

处，严重的还可能给其他人造成无可挽回的伤害。

1946年7月一天，在德国的凯尔采市街头发生了一起屠杀犹太人的事件。很多市民冲上街头，只要看见犹太人就往死里打，一些犹太人被抓到帕兰蒂大街7号的一个房间里被活活打死。这场屠杀犹太人的运动持续了六个多小时，有四十多名犹太人在这场屠杀中丧命。还有两个人被误认为是犹太人而被打死。

而这个灾难的起因竟然是一个小男孩的谎言。刚刚跟着父母搬到城里来的赫里安对城里的生活很不适应，于是他偷偷地逃回乡下找自己的小伙伴去玩，三天后又悄悄地回来了。

气急败坏的父亲看到他回来后狠狠地揍了他一顿，并且责骂道："你这些天你跑哪去了？难道是被犹太人拐跑了？"

赫里安害怕爸爸再打他，于是就谎称自己的确是被犹太人拐走了，还编造瞎话说，犹太人把他绑到了帕兰蒂大街7号的一所房子里。

怒气冲冲的父亲听到这些话后立刻报警了，街坊邻居得知赫里安回来的消息后都前来打探消息，于是"赫里安被犹太人拐走了"这件事就被迅速传开，奇怪的是到后来竟然说成赫里安已经遇害了。愤怒的市民把矛头又一次指向了多灾多难的犹太人，于是就发生了屠杀犹太人的惨案。

诚实不仅是衡量一个人人品的重要标尺，还对一个人的成长有着极其重大的意义，所以父母从小就要教育孩子待人要诚实守信，不能说谎。否则，孩子就不会得到别人的信任。

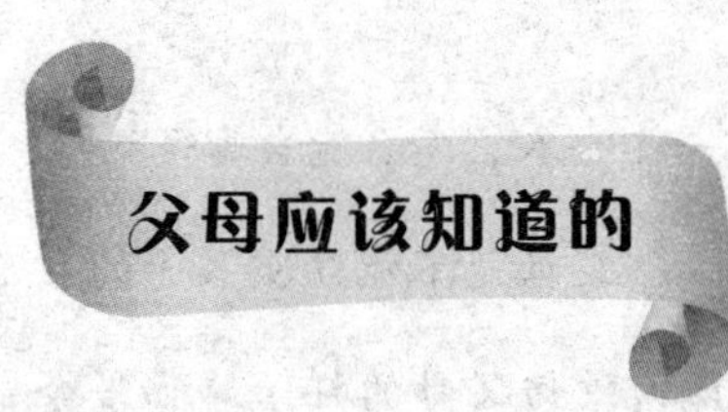

父母应该知道的

诚实对孩子的一生具有很大的影响。那么父母究竟应该如何培养孩子诚实的品德呢?

1.要孩子诚实守信，父母首先要诚实守信

曾子是孔子的学生，他是一个诚实的人。

一天早晨，曾子的妻子要去集市上买些东西。正要出门的时候，儿子追了上来，听说母亲要去集市，他也非要去。

曾子的妻子觉得带着孩子去太麻烦了，就对儿子说："我是到集市上办事的，并不是去玩的！"

儿子根本听不进去这些，只是哭着闹着要跟去。

曾子的妻子怎么说都不行，正在为难的时候，听到了自己家养的那头小猪的叫声，她又想起儿子最爱吃肉了，于是就随口说："儿子，你乖乖地在家里跟父亲玩，等我回来，把那头小猪杀掉，给你炖肉吃！"

听到这些，儿子才算勉强答应不去集市了。

转眼，天就快黑了，曾子的妻子匆忙赶回家。还没有进家门，就听到小猪的叫声和磨刀声，紧跑两步进了家，发现曾子正在院前的大树下把小猪绑起来，准备杀猪，儿子站在一旁看着。

曾子的妻子赶忙上前制止道："这猪太小了，怎么可以现在就杀掉呢？"

曾子指了指站在一旁的儿子，问妻子："难道你忘了早上走之前你

对儿子说的话了吗？”

“那些话啊，都是跟孩子说着玩的。你一个大人，怎么能当真呢？”

曾子一听妻子这么说，便立即劝说道：“父母是不能欺骗孩子的。他的年龄小，不懂事，就只会相信父母的话，效仿父母的样子。如果今天我们不兑现承诺，孩子就必然会学会说谎。而且，他以后也不会再相信咱们的话啦。”

妻子好好想了一下，认为曾子说得句句在理，就把那头小猪杀了给儿子炖肉了。

父母是孩子最好的老师，父母的一言一行都会被孩子效仿。所以，在教育孩子诚实守信之前，父母一定要做到诚实守信。否则，一旦无法以身作则，那么再严厉的教育，都不足以让孩子信服。

2.让孩子明辨是非

父母在教育孩子的时候一定要让孩子学会明辨是非，而不能模棱两可，否则就会给孩子的分辨能力造成不好的影响。随着孩子分辨是非的能力的提高，他们的行为就会变得越来越规范，这是塑造孩子为人真诚的关键所在。假如孩子没有分辨是非的能力，那么，父母付出的所有努力将会功亏一篑。

3.杜绝孩子说谎

孩子的生活经历较少，正处在学习阶段，这个阶段接受到的教育理念将直接影响他们今后的成长和未来的发展情况。父母应该在孩子还小的时候就帮助孩子树立一种诚信的观念。要让孩子明白，说谎是一种很不好的习惯，在和自己的朋友、老师、父母相处的时候应该以诚相待，不能说假话骗人。自己做错事的时候要勇于承认错误，而不应该找借口为自己开脱，甚至编造一些谎言把责任推卸给别人。

4. 父母要勇于承认错误

有一天小惠撒谎了，爸爸对她进行了严厉的批评。可是小惠竟然流露出一种不屑的表情，这让爸爸很生气。后来小惠才说出了原因，因为爸爸说过要参加自己的家长会，可是到了开家长会的那天却不见爸爸的身影，后来爸爸也没有解释自己不来的原因。当爸爸恍然大悟的时候，十分真诚地向小惠道歉了。小惠没想到爸爸竟然会给自己道歉，她很感动，也原谅了爸爸。

很多父母为了哄孩子，往往会不假思索地给孩子一些承诺，等到事情过后，父母早把那些承诺丢在了脑后，可是孩子却把父母的承诺牢牢地记在心里。这样一来，就会给孩子留下“父母不守信用、爱讲谎话”的印象。所以，父母答应孩子的事情，一定要想办法做到，如果由于某种原因而无法兑现承诺，就要向孩子说明情况，并表明自己的歉意。

5.并不是所有的谎言都应该受到指责

父母要让孩子明白，有时候为了让自己的亲人或朋友生活得更加美好，我们不得不适度地撒谎。这时的谎言不会伤害别人，它已经成了一种包容、理解和力量，这种善意的谎言能够让人重新找回爱和希望，它能够促使人努力地争取自己想要的生活。他会让人战胜很多困难，最终到达成功和幸福的彼岸。

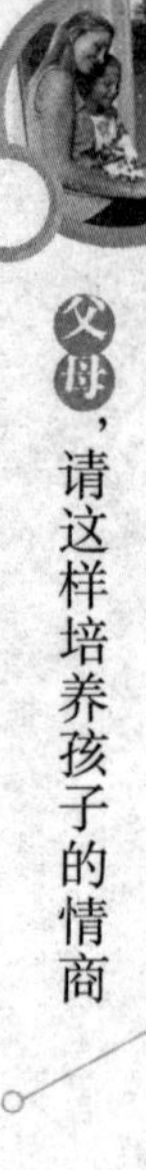

让孩子明白，要想获得尊重先要尊重他人

尊重他人是一个现代人应该具备的基本素质。每个人都有很强烈的自尊心，人们总会想方设法维护自尊。可是越来越多的人往往太过注重自己，而忽视了对他人的尊重，这种现象在青少年中最为常见。

有些孩子的家庭条件稍微好一点，他们的消费水平也会相应较高，当他们见到那些衣着打扮不如自己的同学时，就会露出不屑一顾的表情，有时甚至还冷嘲热讽。还有一些学习成绩好的孩子，经常会在其他同学面前不止一次地炫耀自己的分数，惹来同学的厌恶之情。更为严重的是，有些孩子甚至不把父母放在眼里。

有一次，妈妈带着小磊去商场购物，出乎意料的是，妈妈竟然在这里遇见了自己多年不见的老同学。俗话说“相请不如偶遇”，更何况是遇见了自己多年前的好姐妹呢，于是在购物结束后，两个人就到一家餐厅就餐。可是席间，小磊却嚷着要去肯德基餐厅，妈妈只好小声地劝说小磊下次一定带他去。他却在那里开始大吵大闹，越是当着阿姨的面他越任性，最后怒气冲冲的小磊竟然开口骂了妈妈一句，惹得妈妈大发雷霆。

孩子没有尊重他人的意识和家庭的教育方式有很大的关系。如果父母不注重培养孩子尊重他人的品德，那么就会导致孩子变得蛮横无理。只有尊重他人才能获得别人的尊重，这也是孩子将来能否在社会上立足的重要条件。尊重别人才能在人与人之间架起彼此沟通的桥梁。

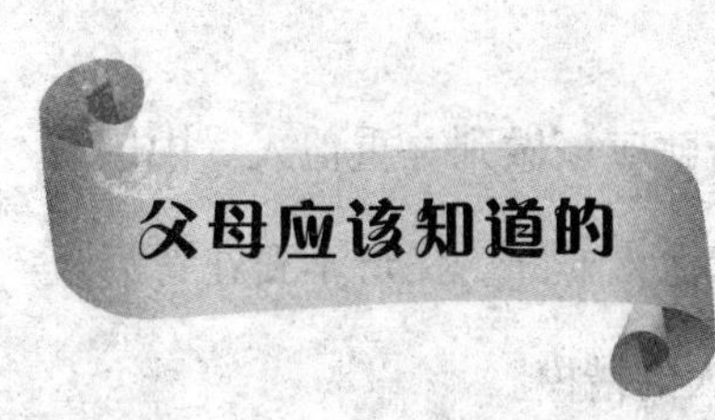

父母应该知道的

怎样才能让自己顽皮的孩子学会尊重他人呢？聪明的父母们不妨看看以下几种方法。

1.培养一个有礼貌的孩子

良好的文明礼仪不仅是一种有修养的表现，它还代表着对对方有足够的重视和尊重，同时也是事业成功的必不可少的条件。一个孩子在待人接物时是否有礼貌，往往反映了父母的品行。

父母要教育孩子做一个懂礼貌的人。父母要让孩子做到尊敬长辈，不歧视身体有缺陷的人，接待客人要礼貌热情，得到他人的帮助时要主动答谢，犯错的时候要向他人真诚地道歉，进门时要先敲门等。

2.让孩子学会欣赏他人

美国哈佛大学著名的心理学家威廉·詹姆斯指出，人类本性当中最深的需要就是得到他人的欣赏。所以要想让孩子学会尊重他人，一定要让孩子学会从心底欣赏他人。只有孩子找出他人身上的优点，才能生出一种由衷的佩服和尊重。研究证明，孩子经常会把自己周围的人简简单单地划分为同学、父母、老师等，并且这其中能够真正得到他们青睐的人少之又少。大多数孩子只喜欢和一些特定的人群相处，这时候他们会显得十分放松，一旦开始接触陌生人，他们就会显得紧张不安。所以父母要扩大孩子的社交圈，让孩子和不同的人群交往，并且注意发现别人身上的长处，这样就可以做到尊重他人。

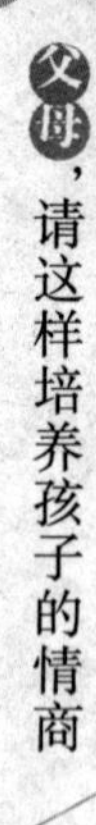

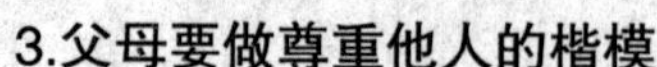

3.父母要做尊重他人的楷模

父母要教育孩子尊重他人，首先自己就应该做到尊重他人。中国有句古话叫做“静坐常思己之过，闲谈莫论他人非”。父母不要在背后议论他人，更不应该诋毁别人，要做尊重他人的楷模。

4. 让孩子记住别人的名字

如果有一个人在第二次见面的时候能够很轻松地叫出我们的名字，我们往往会感到很高兴。如果一个人记不住别人的名字，那就意味着他对别人没有足够的重视，因此也谈不上尊重了。所以父母要让孩子学会记住陌生人的名字。

5.永远不要讥讽别人

父母要让孩子明白，讥讽别人是一个很大的错误，它会给对方的自尊心带来很大的伤害，无论什么时候也不要嘲笑、讽刺别人，这样会让彼此之间的关系恶化。假如孩子真的很讨厌某个人，父母可以告诉孩子减少和那个人的接触，但是不应该进行恶语中伤。

6.让孩子为自己的失礼行为负责

父母可以对孩子进行适当的奖惩，让孩子对自己的行为负责。如果孩子由于一时冲动而做下了不尊重他人的事情，父母就应该采取一定的措施，让他知道不尊重他人是不对的，并且还要因此付出一定的代价。

让孩子成为一个有责任心的人

责任心是一个人做事情的时候能够敢于负责、主动负责的态度。一个有责任心的人能够清楚地认识到自己对家庭、集体、国家和社会应该担负起的责任，这样的人有着坚定的信念并且能够勇敢地承担起这些责任。判断一个人是否具有责任心是判断其人格是否健全的重要依据。有责任心的人能够更好地处理各种事物，这样的人能更好地在这个竞争激烈的社会上立足。

很多孩子缺少责任心，这种现象很正常，因为孩子的责任心并不是与生俱来的。但是如果父母任凭孩子这样发展下去的话，情况就不容乐观了。培养孩子的责任心需要一定的条件，一般来说，它和孩子的年龄和心理发展情况有关。家庭是培养孩子责任心最好的地方，父母采用的教育方法将对孩子的责任心发展状况产生巨大的影响。

有责任心的孩子做事情的时候往往会更加认真，因为他知道，如果自己做不好的话将要产生什么样的后果，因此他们的办事效率往往会更高。他们知道自己担负的责任，也做好了充分的准备来承担自己行为的后果。

家庭是培养孩子责任心的第一站。每个家庭成员都要对整个家庭负责，还应该主动地承担各种家庭义务，为自己的行为负责，当然每个家庭成员都享有应有的权利。那些有责任心的孩子往往能够处理好家庭内

部的各种关系，在成年后他们也能建立一个更加幸福和谐的家庭。

当然，作为一名家庭成员，孩子有理由充分享受各种权利，同时也必须承担相应的责任。父母可以通过一定的措施帮助孩子确立家庭责任心，重要的是父母是否给孩子提供一些树立责任心的机会。当然，一个没有责任心的父母是不可能培养出有责任心的孩子的，而在一个父母专制的家庭里也不可能培养出有责任心的孩子。

如果父母过于约束孩子的行为，那么，孩子就没有机会对某些事情负责，因为他们所做的所有事情都是由别人发号施令的。即使出现了错误，孩子也会以“是父母吩咐的”为借口来推脱责任。

要想培养孩子良好的责任心，就必须在家庭中营造民主的生活环境。如果在一个家庭里，孩子能够享受到相应的民主，孩子就会认识到自己是一个独立的个体，同时他又和其他家庭成员相互关心、相互照顾，孩子就会自觉地承担起自己应该担负的责任。父母在培养孩子责任心的时候，最重要的是给孩子创造一些机会，这样才会起到立竿见影的效果。

玛丽已经5岁了。乖巧可爱的她总是会受到其他小朋友的喜欢。有一段时间，幼儿园里的老师一直在向小朋友们教授有关植物的知识，老师经常会找出一些非常漂亮的图片让大家看，于是玛丽就渐渐地喜欢上了植物。她非常渴望能够有一盆属于自己的鲜花，这也许是很多小姑娘梦寐以求的事情，因此玛丽就缠着爸爸给她买一盆花。

看到女儿这么喜欢花草，爸爸就同意了玛丽的要求，在周末，爸爸带着玛丽来到了花卉市场，并且给小玛丽买了一盆她最喜欢的花。为了让玛丽学到更多的植物知识，爸爸和玛丽约定，这盆花由玛丽全权负责，玛丽不仅要给它浇水，还要给它按时施肥。

刚开始的时候，玛丽对爸爸买来的这盆花表现了很大的兴趣，她每天都会给小花耐心地浇水，有时候还会根据阳光的照射情况给花盆挪动位置。玛丽每天都会趴在花盆旁边，用画笔画出小花生长的情况。也许是她太着急了，总是嫌小花生长得太慢。如果哪一天她发现小花上出现了一只毛茸茸的小虫子，她就会兴高采烈地把那只小虫子捉来给爸爸看，在这一点上她没有一般小姑娘对虫子的胆怯，或许是她对小花的喜爱打败了自己对虫子的恐惧心理。

爸爸看到女儿这么细心地照顾小花，感到十分高兴。他发现女儿已经长大了，她已经懂得去付出了。可是好景不长，爸爸后来发现玛丽给小花浇水的频率越来越低了，有时甚至一连几天都不给小花浇水，她也不再关心小花的生长情况了。看来玛丽可能已经把这件事给丢在脑后了。于是，原本生机勃勃的小花现在打不起一点精神，它的叶子开始变黄，眼看着这盆花就要死去了。

有一天晚饭过后，爸爸把玛丽叫到了放置花盆的阳台上，他尽量让自己显得和蔼一些，说道："宝贝，你有没有给小花按时浇水呢？"

"嗯……没有……"看着将要死去的小花，玛丽好像认识到自己的错误了。

"为什么不按时给小花浇水呢？"

"嗯……我……"玛丽一时不知道该怎么回答爸爸的问题。

"还记得在买花的时候我们是怎么商量的吗？应该让谁照顾这盆花呢？"玛丽不语。爸爸继续说道："以前这盆花多漂亮啊，那时候它的小叶子是那样的翠绿，它的小脑袋每天也是高高地抬着。可是，你看看

现在这盆花变成什么样子了？叶子枯黄、缺少水分。你现在不理它了，它该多伤心啊。”

“爸爸，我以后会好好地照顾它的。”玛丽轻声地说着。

爸爸露出了会心的微笑。从那以后，玛丽又开始像以前那样细心照顾小花，不久之后，那盆花就恢复了以前的模样。

父母在培养孩子责任心的时候，不仅要给他们提供一定的机会，还要对孩子的行为进行监督。如果孩子做得好，就要及时地表扬；如果孩子做得不太好，就应该及时地进行引导。如果父母把某些事情交给孩子后就再也不过问，那么就会在无形中滋生孩子的不负责任心理。

有些父母说，孩子的年龄还小，不忍心让孩子承担责任。这是一种错误的想法，让孩子学会承担责任并不是把他们当做成年人来分配任务，但是总有一些适合他们的事情让他们去做。如果父母一味地把孩子牢牢地缚在自己的保护伞之下，必将对孩子的成长造成很大的危害。

父母应该知道的

冰冻三尺，非一日之寒。培养孩子的责任心切不可急于求成。应该让孩子先从身边的小事做起，循序渐进地培养孩子的责任心。父母不妨尝试以下几种方法。

1.给孩子分配一定的任务

父母应该让孩子从小明白自己对整个家庭应该担负一定的责任，所以在日常生活中，父母要给孩子分配一些他力所能及的家务。父母要记住，对于已经分配给孩子的事情，假如没有特殊情况，一定不要插手，让孩子独立完成自己应该做的事情，比如让孩子打扫自己房间的卫生，学会自己洗袜子等。

2.让孩子为自己的过错负责

如果孩子做的事情十分出色，父母就要进行表扬。当孩子犯错时，父母也要让孩子为自己的行为承担一定的责任。这样就有利于提高孩子的责任心。

曾经有一个十分爱踢足球的男孩，他11岁的时候，有一天，一不小心把足球踢到了邻居的窗户上。怒气冲冲的邻居发现后，毫不留情地让他当场赔钱。这个男孩灰溜溜地回家后把这件事情告诉了自己的爸爸。他的爸爸却说要让儿子自己为自己的莽撞行为负责。爸爸同意支付需要赔给邻居的12.5美元，但是却把这些钱算作是爸爸借给他的。爸爸要求儿子在一年后把这些钱如数奉还。无奈之下，这个11岁的男孩只好开始了打工，终于在半年后，他凑齐了在他看来是天文数字的12.5美元。这个男孩成年后成了美国总统，他就是罗纳德·里根。等到里根再回忆起此事的时候，他说："那半年，我最大的收获就是明白了什么叫做责任。"

3.不要一味地指责孩子的过错

每个人都会犯错，孩子犯错以后会更加不安，他们最恐惧的事情莫过于父母的批评了。这是培养孩子责任心的最好时机。如果孩子犯的只是一些无关痛痒的小错，父母可放手不管，让孩子自己想出弥补的对策；如果孩子犯的错误比较严重，那么，父母也不可过于急躁，要帮助孩子分析事态的利害，让孩子勇敢地承担起自己的责任，父母在一旁做

孩子坚强的后盾，帮助他走过难关。

4.相信孩子的能力

不要总是认为孩子还小，什么事情都做不了，父母要尝试着把事情交给孩子去做。也许在最初，孩子做得不是特别好，这时父母要多鼓励孩子，而不是把已经放出的权利从孩子的手中收回。孩子在父母的鼓励下会越来越有自信，当他们能够顺利完成父母交给的任务时，就会由心底生出一种成就感。这种成就感是外界无法给予的。在这一过程中，父母不妨把交给孩子的事情的难度逐渐加大，这样不仅会锻炼孩子的办事能力，还能让他们变得更加独立和自信。在不知不觉中你就会发现，孩子越来越敢于担当，越来越有责任心了。

5.让他感到自己责任重大

无论成年人还是小孩子，都需要有责任心，因为责任心能让一个人看到自己的行为对别人产生的影响，能够因此而得到别人的认同和尊重，从而产生一种自豪感。这对孩子的成长大有裨益。然而，这种责任心却不是自然产生的，它需要大人来引导，也许一个父母无心的举动也可能将责任心激发出来。

对于孩子的责任心，父母们有两种截然不同的态度：有的父母经常抱怨自己的孩子缺乏责任心，从不为父母考虑；也有的父母觉得，小孩子还没进入社会，根本不需要什么责任心，责任心是大人的事。其实，这两种态度都是片面的。责任心对于任何人而言都是非常重要的，孩子也不例外。

小杰克3岁，爱吃零食，贪玩贪睡，喜欢玩具……在这些小孩子的天性上与同龄人没什么分别。杰克的妈妈也是这样认为，她一点也不觉得责任心这个名词会跟自己乳臭未干的儿子扯上什么关系。可是有一件事却改变了她的这种想法。

就在这一年，杰克一家搬家了，他们到了一个新城市，杰克也开始上幼儿园。三个月后，杰克的幼儿园邀请他妈妈来开家长会。路上，妈妈跟杰克开玩笑："宝贝，妈妈刚来这里，哪里都还不熟悉，对你们的学校和老师更是十分陌生。妈妈很害怕，到时候你一定要帮妈妈哦。"

杰克听后很认真地对妈妈说："妈妈，放心吧！学校里所有的老师和小朋友我都认识了，连放学后接他们的爸爸妈妈我都认识，包在我身上好了！"

妈妈听了觉得很好玩，但也没放在心上。然而杰克却非常认真地履行着自己的承诺，他将妈妈带到会议室，并且介绍校长和老师给妈妈认识，还将所有的小朋友和他们的父母一一介绍给妈妈。

更让妈妈觉得不可思议的是，杰克将妈妈带到沙发前坐下，端来了一杯水给她说："妈妈，你先坐会儿，我去趟厕所，马上回来，你不要乱跑啊。"

由此可见，并不是小孩子没有责任心，而是父母没有给他们足够的尊重和信任。一旦这种责任心被激发起来，我们会发现，其实每一个小孩做得都不比大人差，甚至比大人更认真、更优秀。所以，父母能够激发孩子的责任心，而激发的工具就是对他们的尊重和信任。

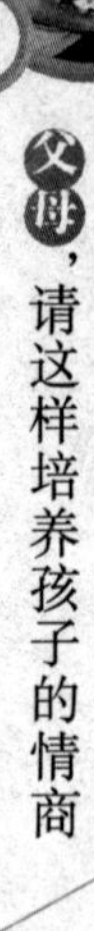

让孩子明白，重视自己才会被人重视

尹维安是香港第一代接触国际互联网的年轻企业家，也是最早在中国开拓电子商务应用并始终坚守在互联网领域的创业者，他和他的团队创造了世界 B2B众多个“第一”。尹维安的成功离不开父母对他的品德教育，那就是：无论何时，都不要轻视自己，自己重视自己，才会被别人重视。

儿童时代的尹维安，曾经跟随着身为医生的父母被下放到广西一个偏远的卫生院。在那个小村落里，尹维安度过了人生中最艰苦的一段岁月。

那时候家里非常贫穷，但是尹维安从来没有因为这些而感觉到任何自卑，他过得非常快乐。想吃肉的时候就去池塘边抓青蛙，然后把它们交给妈妈处理。家里用的燃料也是尹维安去树林里面捡回来的柴火。

后来，6岁的尹维安跟着父母到了另一个小镇，在这里，父母把他送进了一所子弟小学读书。在这期间，爸爸辗转来到了香港。等到尹维安升入初中的时候，爸爸把妈妈和他一起接到了香港移民。这是尹维安生命中的一个转折点。

当时迫于生存压力，爸爸妈妈已经开始经商了，把尹维安接到香港后，他们张罗着要给孩子找一所不错的学校，于是父母就带着尹维安奔波于各个中学之间。可是当校方的负责人知道他们是大陆过来的后，谁也不想把这个孩子留下，这给小维安的心灵带来了很大的伤害，他开始一改往日积极乐观的心态，变得闷闷不乐起来。

父母看着尹维安的变化，心里感到十分着急。有一天妈妈找到他说："儿子，不要管别人怎么看待你。虽然有很多孩子的家庭背景很好，他们衣食无忧，还可以进一所好的学校，你却只能眼睁睁地干着急，但是，这些都不是你的错，其实你可以在其他方面超过他们，你可以用自己的聪明才智告诉他们，你并不比任何人差！"

懂事的小维安听着妈妈的话，心里豁然开朗，这也和他乐观的本性有着很大的关系。后来，爸爸把他送进了一所声誉很差的私立学校。刚进入学校时，依然有很多同学对他抱以轻蔑的态度，可是这时的他已经完全不把这些放在心上了，他一门心思全扑到了学业上。三个月后他已经成为这所私立学校中的佼佼者。

当他把自己的成绩单拿给父亲的时候，父亲说道："孩子，其实你可以做得更好。"在父亲的鼓励下，尹维安在第二年就考取了一所很不错的公立学校。尹维安铭记着父母的教诲，不管在什么时候都不放弃自己，不轻视自己。凭借着这样一个坚定的信念，尹维安才有了今天的成就。

尹维安的父母很聪明，让孩子明白，有些东西是人自身无法选择的，但是有很多东西却可以通过自身的努力来获得。不管在什么时候，人都不能放弃自尊、轻视自己，而应该用一种不卑不亢的姿态面对世界。不能因为物质条件的贫穷而觉得低人一等，或者因为外界的一点打击就自暴自弃。有强烈的自尊心，才能更有意识地进行自我保护。所以，在日常生活中，父母一定要注意帮助孩子树立自尊自爱的意识，不

可妄自菲薄。妄自菲薄的人往往会有一种破罐子破摔的颓废感，而这种颓废必然会导致他一生碌碌无为。对于孩子而言，颓废不仅不利于思想的成熟与完善，而且也不利于人格的健全与发展。相反，如果孩子对自尊心有了一个正确的认识，那么，他就会产生自强不息的动力，所以，一旦父母发现孩子对自尊的认识出现了偏差，那么请务必及时地予以纠正。

著名的成功学大师卡耐基小时候家里也很穷，他的衣服基本上都是别人已经穿过的，有时候，妈妈还给他穿一些早已经过时很久的衣服。看着别人都能穿上合身的衣服，卡耐基的心里别提有多羡慕了，再看看自己身上，永远都是那几件。在其他同学面前，他总觉得自己矮别人半头，这让幼小的卡耐基感到十分痛苦。

有一次，老师让卡耐基来到讲台上回答问题。可是，当他走上讲台的时候，全班同学都忍不住哈哈大笑起来。卡耐基惊慌失措地走到老师的跟前，老师也不知道究竟发生了什么事情，让这些孩子这样地大笑。

等到卡耐基转过身来，老师也忍不住开始笑出声音。原来不知道什么时候，哪个捣蛋鬼把一张字条贴在了卡耐基的夹克后背上。只见字条上写着："皮夹克，我爱你！"

这件事对卡耐基的影响很大，他觉得自己在老师和同学面前颜面尽失。于是卡耐基找到妈妈说："妈妈，我再也不想去学校上学了，他们总是嫌弃我穿得不好看。"

"怎么会出现这样的情况，孩子，你愿意把事情的经过和我说说吗？"看到孩子这样难过，妈妈感到很疑惑，同时她明白，孩子已经在渐渐地懂事了。

于是卡耐基就把事情的原委向妈妈叙述了一遍，妈妈思考了很久，她在想应该用什么样的方式跟孩子解释。后来她拉着卡耐基的小手说：“孩子，一个人的衣着打扮并不是最重要的。难道除了自己的衣着，你就想不出一个办法让他们对你佩服得五体投地吗？衣服破旧一些并不是什么大不了的问题，毕竟，只要有钱就可以买到很多漂亮的衣服。最关键的是，应该用一种什么样的方法让其他人开始尊重你。即使有很多人对你很轻视，那么你也不能把自尊放下，只有这样，你才能活出一个最真实的自己。”

在和妈妈谈心后，卡耐基放下了心中的包袱，他开始轻装上阵，最终以各方面优异的表现换来了其他同学钦佩的目光。当他站到其他同学面前的时候，曾经那种自卑感也消失得无影无踪了。

自尊心对于孩子的健康成长有着至关重要的作用，培养并呵护孩子的自尊心，让他们懂得自尊自爱，对于父母来说是一项很重要的工作。

父母应该知道的

父母要想让孩子学会自尊自爱，就要从以下几个方面做起：

1.教育孩子要维护自己的尊严

多对孩子进行诸如“人不可有傲气，但不可无骨气”、“三军可以夺帅，匹夫不可夺志”等教育。让孩子知道，每个人无论财富多寡，无论地位高低，其人格尊严都是不分上下的。着锦衣、享玉食者有尊严，穿布衣、食草根者一样拥有高贵的人格，所以，在任何情况下，都不要自认为低人一等或高人一等。认为低人一等者会自贬人格，认为高人一等者亦会丢掉其人格。

2.不要轻易地把孩子和他的同伴相比

父母要让孩子学会自尊自爱，首先就要学会尊重孩子。有些父母总喜欢拿自己的孩子和其他孩子比较，而其中的比较内容涉及面很广，从孩子的身高、体重到孩子的待人接物，再到孩子的学习成绩。在这一过程中，孩子几乎成为父母相互炫耀的资本。还有一些父母喜欢在别人面前对孩子兴致勃勃地评论一番，有的竟然当着外人的面揭露孩子的短处。

调查研究证明，几乎所有的孩子都很讨厌父母这样的做法。因为他们觉得父母这样做是一种不尊重自己的行为。很多父母都认为，不管自己说什么话都是对孩子好，孩子一定会明白自己的良苦用心，所以他们不惜对孩子进行冷嘲热讽，言语中充满了对孩子的不信任，这样一来很容易导致孩子不自信，他们的自尊自爱意识也会在父母的打磨下慢慢消失，严重的还有可能自暴自弃。因为他们觉得，既然自己的父母都这样看不起自己，那么自己再怎么努力也无济于事。

3.每一个孩子的自尊都应该受到呵护

孩子的心灵非常脆弱，他们还不懂得如何保护自己。越是那些弱者，他们的心灵就越需要更多的温暖和阳光。

有一次，一个富翁要举办一个盛大的晚宴，因此他的女佣人在那一天就不得不工作到很晚才能回家。为了不让孩子一个人在家等着自己，那天女佣就把儿子带到了主人家里。可是女佣觉得自己的地位和富翁的客人的地位相差太远了，她感到十分羞惭，于是女佣给孩子拿来了一些蛋糕，让孩子躲到厕所吃了起来。女佣的儿子从来没有到过这样豪华的场所，他不知道自己待在厕所里，因为这个地方不仅有很漂亮的大理石，还散发着一阵阵清香，他觉得这里比自己的卧室可要干净多了，于是边吃着边唱起了歌。

后来，富翁忽然意识到女佣的儿子消失不见了。因此他开口问女佣把儿子放在哪里了，女佣很尴尬地笑了笑，没有说什么，朝着卫生间的方向看了一眼。富翁好像明白了什么，这时他才仿佛听到有一个稚嫩的歌声从那个方向传来。于是他沿着歌声来到了卫生间，敲了敲卫生间的小门，得到里面的人允许后他走了进去。他看到那个小男孩正在津津有味地吃着蛋糕，没有丝毫的尴尬。

“小家伙，能告诉我你在干嘛吗？”富翁一脸好奇地问那个男孩。

“我在享用自己的晚宴。”

“你知道现在你在什么地方吗？”

“当然知道，我在主人给我准备的最豪华的房间里！”

“这是你的母亲告诉你的吗？”

“妈妈没有告诉我，但是我知道主人一定会用最豪华的房间招待我，只是我一个人在这里吃晚饭有点寂寞，真的希望有个人能够在这里和我共进晚宴，那将是一件很幸福的事情！”

富翁听到孩子说了这样的话后，转身离开了这里。他走向大厅告诉他所有的朋友说：“实在对不起，我亲爱的朋友，今天晚上我可能不能陪你们吃饭了，我要到另外一个地方招待一位特殊的客人。”

接着，富翁又带了很多好吃的东西回到了卫生间，当他得到男孩的

允许以后，就坐下来和男孩一起品尝各种美食。那天晚上，男孩非常高兴，因为他感受到主人正在用最豪华的房间招待他，他是一位非常重要的客人。

多年后，这个小男孩成了一位赫赫有名的企业家，每年都会把自己赚取的大部分钱用作公益事业。当有人问他为什么要这样做时，他说，在多年以前，一个富翁和他的朋友维护了一个年仅4岁的小男孩的尊严。生活让他明白，即使是对待陌生人，也要付出百分之百的关爱。

4.多对孩子进行鼓励

自信心比较强的孩子，他们的自尊自爱之心往往也比较强，这些孩子希望自己以最佳的精神状态出现在别人的面前，所以他们更在乎自己的言谈举止。父母在培养孩子自尊自爱的意识的时候，要注意观察孩子身上的闪光点，发现孩子的优点应及时地进行表扬。

第六章

锻炼意志力，让孩子正确面对逆境

无数事实告诉我们，没有人可以轻而易举地抵达成功的彼岸。只有你的孩子拥有了顽强的意志，只有让他（她）变得越来越自信，不断地提高他（她）的抗挫能力，他（她）才能够从失败中汲取经验和教训，从而铸就属于他（她）自己的辉煌未来。

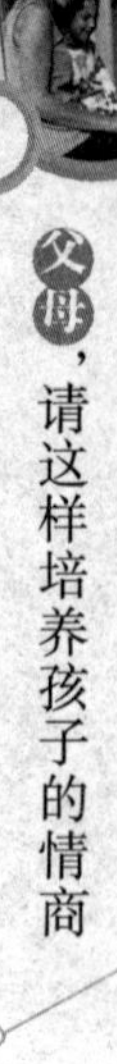

爱孩子，就要对孩子进行适当的挫折教育

对于成年人而言，挫折是一笔财富。每个人的一生都要经历无数个大大小小的挫折，成年以后在追求事业和成功的道路上会遭遇更多。然而面对这诸多挫折，之所以有的人能够承受住并最终战胜挫折，而有的人却在挫折中一蹶不振或节节败退，就是因为前者具有顽强的意志，有超凡的承受挫折的能力，而后者却不堪一击。那么人的承受挫折的能力是怎么来的呢？在此，我们不否认有天生的因素蕴含其中，但是最重要的却是后天的培养和锻炼。尤其是在未成年时期的培养和锻炼，会使人成年后承受挫折的能力更强。

作为父母，都想为孩子遮风挡雨，但是溺爱会让孩子成为经不住风吹雨打的温室之花，这显然不利于孩子的成长，甚至可能由此影响孩子一生。所以，如果有困难降临在孩子面前，不要赶忙去帮助他解决，应试着给孩子承受的时间、战斗的空间。因为解决过困难的孩子会变得更加坚韧、果断和睿智，孩子应对事情的能力也会有很大提升。

所以，父母们不要担心孩子遭遇挫折，而应在孩子遭遇挫折时告诉他，每个人的一生都要遭遇数不胜数的挫折，谁都不能例外。应帮助孩子以一个客观的态度来应对眼前的一切。

在溺爱环境下成长起来的孩子，不知道失败和痛苦究竟是什么滋味。等到他们长大后，一旦遇到一些失败和挫折就会变得一蹶不振，他们不知道该怎样解决自己遇到的难题。表面看来这些父母是爱孩子的，可实际上他们却成了养成孩子不健全人格的罪魁祸首。倘若父母在孩子很小的时候就对孩子进行逆境情商的教育和培养，教会孩子面对失败和挫折的心态和战胜失败和挫折的方法，那么，等到孩子真的遇到挫折的时候就可以从容应对了。

“吃一堑，长一智”说的就是遭遇挫折的益处。对于孩子而言，更是如此，亲身经历了，他才会相信。不要忘记，孩子也有思想，当不幸和挫折到来时，他也会因此而懂得很多道理，而通过这种方式懂得的道理远比父母说上千遍万遍还要理解得深刻。所以，这种瞬间的大彻大悟会给孩子今后的发展带来极大的影响，可以说，有时候有些道理是必须经历过挫折的人才能真正体会的。因此，如果父母能够对孩子进行适当的挫折教育，那么即使在未来的某一天，孩子遭遇了突如其来的挫折，由于长期以来接受的挫折教育，他便不会被打倒，坚强的意志力会促使他成长。相反，那些没有接受过或者很少接受挫折教育的孩子，会因为害怕再一次跌倒而不敢爬起来。甚至有些孩子会认为，跌倒了就是天塌地陷了，没有了生存的意义。下面一些事例给父母们看一下，旨在告诉父母们对孩子进行挫折教育的重要性。

2001年11月20日，新疆石河子市某中学召开了家长会，当天下午，该校初三年级的四名女生竟然集体自杀。这四名女生被发现后迅速被送往医院抢救，可是其中两名女生因抢救无效而最终死亡。人们不禁要问，这四位花季少女为什么要走上这条不归路呢？原来不久前她们刚刚进行了一次阶段测验，考试结果显示这四名女生落在了班级的后面，而恰巧在这次家长会上，老师一再强调要家长配合学校共同提高孩子的

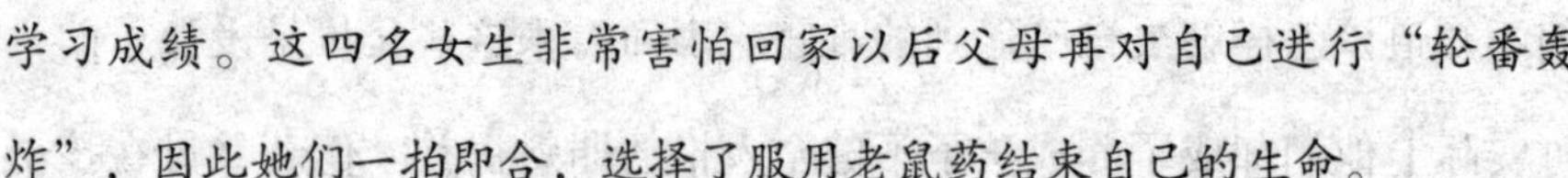

学习成绩。这四名女生非常害怕回家以后父母再对自己进行“轮番轰炸”，因此她们一拍即合，选择了服用老鼠药结束自己的生命。

2010年4月26日，安徽省巢湖郊区的某个住宅区没有了往日的宁静。一名16岁的男孩从十楼纵身一跃结束了自己的生命。据小区的保安说，事情发生在早上六点多的时候，当时很多居民都是刚刚起床。保安得知情况后迅速报了警，等到急救车和警察赶到后，男孩已经死亡了。

据一位知情人士透露说，这名死去的男孩正在读初三，学习成绩也不错，所有的人都想知道这个男孩究竟为什么自杀。后来人们发现这个男孩留下了一封遗书，在遗书中他写到，自己的学习压力太大了，有时候甚至觉得喘不过气，因此他选择了用死亡解脱。

其实，近年来类似的报道并不少见。选择自杀的孩子中不仅有中学生，还有接受过高等教育的大学生。大学里每年都会有一些人因为这样、那样的原因而选择自杀。有时，他们的自杀理由在常人看来甚至显得有些荒唐。比如，曾经有一名大学男生竟然因为遗失了写给女生的情书而选择自杀，还有一些大学生因为考试成绩不理想而选择自杀。

当然，这些都是相对比较极端的例子，我们也不希望这样的悲剧继续上演，然而不让悲剧上演的方法是什么呢？是父母在孩子很小的时候就对孩子进行挫折教育，以提升孩子承受挫折的能力，不要让一些微不足道的事情成为孩子无法逾越的天堑。

另外，之所以出现今天的孩子心理承受能力普遍下降的现象，也跟时下的家庭现状有关，很多家庭都是两个大人甚至四个大人围着一个孩子转，对于孩子的要求尽量予以满足，父母总希望把孩子前进道路上所遭遇的或者可能遭遇困难的都替他一一排除。如此这般无微不至的关怀和照顾，使得这些孩子没有机会品尝逆境和失败的滋味，而一旦他们受到一些比较大的挫折或者需要承受比较大的压力时，他们的精神世界就会在短时间内崩溃，甚至酿成惨剧。

父母们，是不是感觉到自己责任重大了呢？是不是发现了自己的教育有失误之处了呢？如果你做到了对孩子挫折教育的培养，那么恭喜你，你的孩子必定能够应对人生中的风雨；如果你的确在挫折教育方面存有缺失，那么从现在开始强化也还不晚。

父母应该知道的

其实判断孩子承受挫折能力的强弱并不是一件十分困难的事情，只要父母留心观察孩子的日常行为就可以得出结论。一般来说，承受挫折能力较差的孩子往往有以下几种表现：

1.缺乏坚持的毅力

这样的孩子毅力不坚定，不管是在学习上还是在生活中，一些很小的困难就能把他们难倒，因而他们总会轻易地放弃一些东西。表现在学习上时，就是会因一些个别难做的题目引起他们对这个学科的厌恶。

有一段时间，小明吵着要爸爸给他买一支钢笔，因为老师要求每个学生都得练字，于是爸爸给他买了一支很漂亮的钢笔，小明看到后非常高兴。刚开始的时候小明练字很认真，每天都会挤出一个小时的时间临摹字帖，还会把自己的成果拿给爸爸看。可是没过几天，小明练字的热

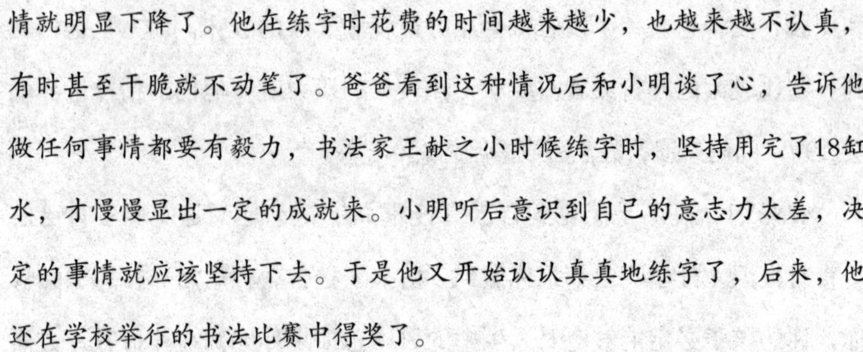
情就明显下降了。他在练字时花费的时间越来越少，也越来越不认真，有时甚至干脆就不动笔了。爸爸看到这种情况后和小明谈了心，告诉他做任何事情都要有毅力，书法家王献之小时候练字时，坚持用完了18缸水，才慢慢显出一定的成就来。小明听后意识到自己的意志力太差，决定的事情就应该坚持下去。于是他又开始认认真真地练字了，后来，他还在学校举行的书法比赛中得奖了。

2.容易受到外界因素的干扰

研究表明，那些承受挫折能力较差的孩子，往往更容易受到外界的干扰。当他们在做一件事情的时候，往往会被其他忽然出现的现象所吸引，于是注意力不再像开始的时候那样集中。随着干扰信号的不断增强，他们就开始变得浮躁不安，以至于到后期根本不能安心地做事。

3.情绪容易激动

有的孩子在平常的生活中和其他小孩一样，按时上课、做作业，可是一旦他们遇到不顺心的事情，情绪就会变得极为激动，甚至做出一些令人震惊的举动。其实他们遇到的本来不是什么大的问题，但是他们依然会小题大做地不停哭闹。

孩子承受挫折能力较差是一种很普遍的现象，父母要耐心地教育，不可急于求成。在教育孩子的过程中，父母要保持挫折教育的理念，不可代替孩子解决困难，而应让孩子自己学着去处理遇到的各种不顺心的事情，另外再对孩子进行一些必要的引导，日久天长，孩子承受挫折的能力就会越来越强。

培养孩子坚强的意志力

一个人的意志力指的是他能够自觉地支配和调节自身的行为，然后克服重重困难进而实现目标的心理过程。对于孩子而言，由于他们年龄还小，阅历不足，因此会导致意志力薄弱。而意志力的强弱直接决定了孩子今后的人生路是否能够走得坚定而平稳。

培养孩子的意志力，是为了让孩子从小就能禁得住外界的各种诱惑，让孩子禁受得住前进途中的各种挫折，让孩子能够恰如其分地控制自己的言行，从而使得孩子朝着自己的终极目标不断地努力。意志力强的孩子，其行为总是受自己理智的指挥，因此他们往往显得更成熟，能够对问题进行深思熟虑，从而衡量出事情的轻重缓急，因此，当他们面对一些棘手的问题需要自己处理时，往往也能做到应对自如，也正因为如此，他们便更容易受到成功女神的青睐。而意志力薄弱的孩子往往缺乏坚定的信念，一旦他们受到外界因素的干扰，便不能很好地控制自己的行为，无论是生活中还是学习上，只要遇到困难，他们就会打退堂鼓。而这种遇到困难就退缩的人往往难以取得突出的成就。

所以，父母们，如果你希望自己的孩子能够拥有一个美好的前途，就必须要重视培养孩子的意志力，这不仅有助于孩子集中精力控制好自己的言行，还能帮助孩子抵抗各种诱惑，克服种种困难。也就是说，坚强的意志力可以提高孩子的学习效率或者生活能力。另外需要指出的是，具有坚强意志力的孩子往往是自信心很强的孩子，他们相信自己能够克服困难，在这种心理暗示下，他们也的确会真的克服困难。

大家一定都知道海伦·凯勒的故事，这个女孩与常人不同，她的世界里永远没有光明，也没有任何声响。但是在老师和父母的帮助下，在她自己的坚强的意志力的推动下，她成功地考入了哈佛大学，并以优异的成绩顺利毕业，她是有史以来第一个接受完大学课程的盲聋人。

海伦·凯勒之所以能够取得如此显著的成就，与她坚强的意志力有关。而她坚强的意志力也是在她的家庭教师莎莉文小姐的培养下日益增强的。在莎莉文小姐的教育和鼓励下，海伦摆脱了最初的自卑和焦躁，变得坚强而豁达，从而缔造了一个震惊世人的神话。试想，倘若海伦·凯勒没有坚强的意志力，或者老师不注重培养她的意志力，那么，这个孩子的一生将会变得十分悲惨。海伦·凯勒的女老师坚持培养她坚强意志力的行为也告诉我们现今的每一位父母，培养孩子的意志力，会让孩子变得自信、坚强、勇敢。

曾经有一个被誉为神童的男孩，5岁的时候就可以背诵很多唐诗宋词，并且还能做一些非常复杂的数学题。可是正是这个所谓的聪明的男孩却让老师伤透了脑筋。上课的时候，这个小男孩永远不会专心听讲，他总是在自己的座位上晃来晃去，老师布置的家庭作业他从来没有按时完成过。据老师说，这个小男孩根本就没有主动学习的意识，只要老师或父母不催促他学习，他永远就会无所事事。有时候在老师的训斥下，他刚刚开始安静几分钟开始学习，可是这时候如果窗户外面有了任何风吹草动，他就会立刻警觉起来。有时候碍于老师在场，他不敢扭头观望，于是就睁着双眼直勾勾地看着自己的课本，表面看来他在学习，可实际上他的心早已经飞到九霄云外了。

你的孩子是不是也出现过这样的情况？注意力难以集中，小动作很多，或者总是心不在焉，这些跟孩子的意志力不足有很大关系。对于孩子而言，上课不能注意听讲的情况就是一种困难，倘若孩子意志力不足，就很难改正这样的坏习惯，而这种坏习惯又必然会影响到孩子的学习成绩，其实影响成绩还不是最严重的，问题的关键是，一旦孩子在学习上表现出这种意志力薄弱的问题，就说明在其他的很多事情上，孩子也不能很好地坚持下去，而这必然会影响孩子一生的生活。所以说，增强意志力是孩子成长过程中的一门必修课，父母们必须予以足够的重视。

很多孩子之所以意志力薄弱，很大一部分原因就在于他们长期在父母长辈的保护伞下生活，因此少了很多锻炼自身意志力的环境。

父母应该知道的

孩子的意志力不是与生俱来的，孩子意志力的强弱和后天的生活环境有很大的关系。要想让孩子拥有坚强的意志力，父母就要从以下几个方面做起：

1. 让孩子做一个有理想的人

意志力指的是一个人为了完成自己的人生目标，不畏艰难险阻奋发拼搏的心理过程。离开了人生的目标，孩子意志力的存在就失去了意

义。一个没有理想的人必将一事无成，同时他们也很难体会到真正的快乐和幸福。所以要想增强孩子的意志力，父母首先就应该帮助孩子树立正确的价值观、人生观，让孩子想一想自己的理想是什么。有了理想以后，孩子的生活就会更加精彩，他们也有了学习的动力。当他们感到疲倦的时候，只要想一想自己的理想，他们就会觉得自己所有的努力都是值得的。

2.从身边的小事做起

增强孩子的意志力应该从身边的小事做起。很多孩子都在脑海中为自己画了一幅美好的蓝图，有的长大后想做宇航员，有的想做老师，有的想做主持人，还有的想当科学家。孩子有这样的理想固然很好，可是大部分孩子的自制力还是很差的，这和他们心中的理想相差很远。这时就需要父母的监督，帮助孩子养成一个良好的习惯。

3.让孩子不要惧怕困难

不管是在生活中还是在学习上，孩子总会遇到这样或那样的困难，这都很正常。孩子面对困难的态度和解决困难的方法都会反映出孩子意志力的状况。父母在教育孩子的时候不妨给他设置一些合理的困难，当孩子通过自己的努力克服了困难之后，他们就会有一种成就感，同时也会更加地肯定自己的能力。当然，父母设置的那些考验不宜太难，因为如果孩子想尽办法还是不能顺利克服的话，就会失去信心。

4.看到孩子的进步

有些父母希望自己的孩子能够成为强者，而一旦孩子失败，就对孩子横加贬斥。这是不对的。父母要看到孩子的进步，而不要太在意结果。

一位父亲一直都为他的儿子苦恼。儿子都已经16岁了，却依然没有一点儿男子汉的气概。对此，他实在没有什么办法了，于是去拜访一位拳师，请求这位拳师来帮助他训练自己的儿子，希望能够把儿子塑造成男子汉的形象。

拳师说："那好吧，请把你的儿子留在我这里半年，这半年期间你不要见他，半年后，我一定会把你的儿子训练成一个真正的男子汉！"

转眼间，半年就过去了，这位父亲迫不及待地来接自己儿子，拳师还特意安排了一场拳击比赛来向这位父亲展示他半年来的训练成果。与男孩对打的是一名拳击教练。比赛开始了，教练一出手，男孩便应声倒地。但是，男孩一倒地就立即站起来迎接下一次挑战，倒下去又站了起来……如此来来回回大概二三十次。

最后，拳师问这位父亲："你认为你的儿子是否已经具备了男子汉气概呢？"

"我简直无地自容了，没想到我送他来这里训练了半年，他却依然这么不经打，这么轻易就被人打倒了，还谈何男子汉的气概呢？"父亲失望地说道。

拳师意味深长地说："我很遗憾，因为你只是看到了比赛表面的胜负，却并没有看到你的儿子在一次次倒下后又立刻站起来的勇气和毅力。而敢于面对挑战、永不放弃的勇气才是真正的男子汉气概啊！"

人生的道路漫长而曲折，总有人因为某种原因而倒下，然而倒下却并不是最终的结局，只要倒下去又站起来，就会成为最终的强者。

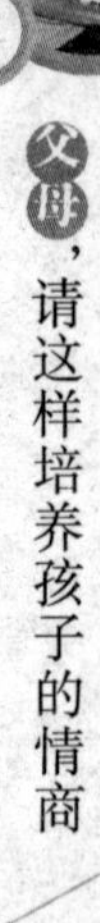

赏识教育帮助孩子树立自信心

一个人的自信程度，代表着他的自我认知程度和自我肯定意识的强弱。自信是一个成功人士应该具备的基本条件。对于孩子而言，自信是他成长历程中不可或缺的要素。自信的孩子无论是生活还是在学习上都是积极乐观的，自信的孩子也是活泼开朗、善于交际的，是坚强勇敢、始终充满希望的，因为他们要做生活的强者。而缺乏自信的孩子，其状况却不容乐观。无数事例证明，缺乏自信的孩子反应也相对迟钝，遇事优柔寡断，因为他们总是担心自己会把事情搞砸。帮助孩子树立起自信心吧，适时地向孩子伸出大拇指，告诉孩子他很棒。这种赞赏不仅能够让孩子变得愉悦，而且还能够让孩子信心倍增。

日本著名的教育家铃木镇一使用自己的教育方法，每年能培养700个与莫扎特同样水平的小神童。一时间，他的名字在日本的大街小巷被传颂。

一天，一位年轻的母亲找到铃木，对他说："您不是说所有的孩子都是小提琴家吗？为什么我的孩子已经练了好几年了，却依然没有什么长进呢？"

铃木答应了那位母亲的请求，他跟着那位母亲到了她家，见到了一个五六岁的小男孩。

那位母亲让孩子在铃木跟前演奏小提琴。小男孩也知道铃木的大名，觉得自己在大师跟前演奏，实在是紧张，但是还是硬着头皮拉了一遍，结果简直不成曲子，连平常的水平都不如。

母亲听着，脸色更难看了。

可是铃木却是一脸发现新大陆的表情，他忙把小男孩抱住，说："你拉得太好了，真是太动听了，再拉一段给我听听吧。"

孩子一听大师如此真诚地说，激动极了，能够得到大师的赏识，小男孩一下子有了很多信心。于是他接着又拉了一段，结果第二次拉得比第一次好了很多。

孩子的母亲在一边看得目瞪口呆。

第二段拉完了，铃木边鼓掌边表扬。就这样，直到铃木走的时候，小男孩已经完全沉浸在小提琴神童的感觉里了。那位母亲把铃木送出门外，她不解地问："铃木先生，我真是不明白，您怎么可以在孩子面前说假话呢？我的儿子明明是拉得很难听，您为什么还要夸他呢？"

铃木说："要知道，你孩子的心灵已经受到了伤害，我这次其实是在治他的心病。难道你没有发现吗，我第一次夸奖他时，他的眼睛一亮，这说明什么？说明孩子的心灵受到了震动，他的心灵开始转变了，那么他拉小提琴的感觉就找到了。"

后来，铃木专门为这个孩子辅导。两年内，这个小男孩就举办了他的个人独奏音乐会。

正如许多教育家们所说："不是聪明的孩子被夸奖，而是夸奖使孩子更聪明。"父母们，对孩子请不要吝啬你的赞美，在适当的时机、适当的场合，可以运用适当的语言甚至可以稍稍夸张地对孩子进行赏识教育，以唤起孩子的自信心。

另外，赏识教育还包括相信孩子，这种信任是一种最好的赞赏，它能激发出孩子的无限动力。因为面对一个相信自己的人，没有谁选择去辜负这种信任，即使是孩子也不例外。

著名成功学家拿破仑·希尔小时候是一个公认的坏孩子。

倘若有谁家的母牛走失了，哪里的树被莫名其妙地砍倒了，人们都会无一例外地认定是他做的。甚至连自己的父亲和哥哥都认为他的确是个坏孩子。

周围人也都认为，由于他母亲的去世，使得拿破仑·希尔失去了管教而变坏。既然所有的人都这样想，那他也就无所谓了。

直到有一天，继母的到来彻底改变了拿破仑·希尔的生活。

那一天，父亲向大家宣布他要再婚，家中的每个孩子都在担心继母会是什么样。拿破仑·希尔更是拿定主意，根本不把那个女人放在眼里。这一天就这样来到了，那个陌生的女人走进家门，她去每一个房间里同每一个人愉快地打招呼。当她走到拿破仑·希尔面前时，那个小家伙就像枪杆一样站得笔直，并且把双手交叉在胸前，冷漠地瞪着她，毫无欢迎之意。

“这就是拿破仑，”父亲介绍道，“是全家最坏的孩子。”

令拿破仑·希尔一生都忘不了的是继母当时所说的那些话。她微笑着把手放在小希尔的肩上，温柔地看着他，眼睛里流露出和蔼的光芒。“最坏的孩子？”她说，“一点也不，他是全家最聪明的孩子，我们应该把他的本性诱导出来。”

就这几句话，改变了拿破仑·希尔的一生。相信他是一个好孩子，让孩子感到别人对他的信心，他就会成功。

赏识导致成功，抱怨导致失败。不是好孩子需要赏识，而是赏识使他们变得越来越好；不是坏孩子需要抱怨，而是抱怨使他们变得越来越坏。很多父母不注意自己的言行，他们总以为孩子太小，总是不相信孩子的能力，因而当孩子做错事情的时候就一味地进行挖苦和打击。殊不知，孩子的自信心就是在父母的挖苦和讽刺之下慢慢变弱的，直到孩子变得非常自卑。

父母应该知道的

如何通过赏识来帮助孩子树立起自信心？父母们，要想找到答案，就好好阅读以下内容：

1.让孩子正确地认识自己

很多孩子之所以自卑，就是因为他们低估了自己的能力。因为孩子的心智发展还不够健全，不能客观地评价事物，因此他们对自身的认识往往受到他人对自己评价的影响。当孩子顺利地完成某项活动的时候，父母要及时地进行肯定，这样孩子在父母的鼓励中就会不断地肯定自己的能力。如果孩子失败了，父母就要帮助孩子分析失败的原因，并且引导孩子想出一定的策略，孩子在父母的帮助下，自信心也会越来越强。

一个人信念的大小会限制这个人的成就大小。作为父母，要努力给孩子树立一种相信自己的信念。如果一个孩子认为自己的水平只是“C”，那么他永远不可能得到“A”和“B”，他自己也会不自觉地走

向平庸，不论其智力水平有多优秀。反之，即使孩子的资质没有太高，也并不影响他成为天才，只要他勇于为实现梦想准备足够的信心，一样能有所成就。

2.培养孩子的特长

帮助孩子树立自信心的父母不可忘记这样一句话，那就是："人无我有，人有我优"。道理很简单，就是要培养孩子的特长。那些有特长的孩子往往更加自信，因为有些事情别人做不到，可是他们却轻而易举地做到了。所以父母要留心孩子对什么有兴趣，然后根据他们的兴趣和爱好培养一定的特长，当孩子学到了一定的本领后就会乐观、开朗、自信起来。这时候父母不妨抓住一些机会让孩子把自己的特长展现给别人，如果孩子能够得到他人的鼓励和肯定，他们会变得更加自信。

父母不仅要让孩子明白人无完人，还要让孩子明白任何人都有自己的闪光点，每一个人都是独一无二、不可替代的。虽然每个人都有自己的弱点，但同时也有自己的优点。

3.给孩子选择的权利

在日常生活中，父母不要把孩子的事情全部包揽，有些事情还是要尊重孩子的选择。不要一味地说孩子看事情的角度不成熟、他们的选择很幼稚等。一旦父母在一些事情上尊重了孩子的意见，就会让孩子感到自己被认同和欣赏，这时他就会肯定自己，进而增强自信心。

有一家三口到餐厅用餐，服务生询问父母要点什么之后，不忘去亲切地询问他们的孩子："宝贝，你想吃什么呢？"孩子回答说："我想吃汉堡。"

"不行，今天你要吃蛋挞。"妈妈坚定地说。"再给他一份蔬菜沙拉。”父亲强调说。

服务生并不理会孩子父母，仍然专注地盯着小男孩：“小伙子，汉堡要加什么料呢？”

“嗯，一点沙拉酱和奶油……”他怯怯地瞟了父母一眼，服务生仍然对他微笑并鼓励着他，于是他鼓起勇气：“还要一份冰激凌。”

男孩点完后，服务生离开了，留下小男孩的父母在那里目瞪口呆。

小男孩的这顿饭吃得非常开心，而且这种快乐的情绪一直延续到晚上睡觉前。临睡前，妈妈不解地问：“亲爱的，你为什么那么开心呢？”儿子高兴地说：“因为今天有人问我想要什么，原来我也能够点菜啊！”

孩子同成年人一样有思想，他有自己选择的权力，而且他希望自己的选择能够得到大人的认同，而这种认同给他带来的不仅是快乐，还有信心！

4.呵护孩子的梦想

梦想是每个人的特权，对于孩子来说，梦想是他们成长的沃土，是激励他们的最好力量。

阿姆斯特朗从小就喜欢月亮，他经常在有月光的晚上去庭院里玩耍。年幼的他经常对着月亮蹦蹦跳跳，妈妈好奇地问他：“你在干什么？”他一本正经地说：“我试试看能不能跳到月亮上去。”

听到这个回答，你也许会说：“孩子，省些力气吧。那是不可能的。”而妈妈并没有这样做，她尊重孩子的想法，微笑着说：“好的，不要回来得太晚啊！”说得就像阿姆斯特朗要去邻居家一样。而正是妈妈的这种鼓励，最终使他成为了人类登月的第一人。

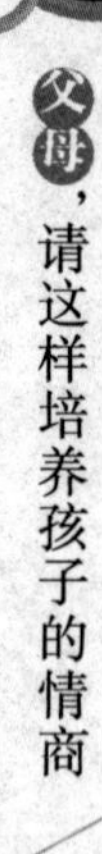

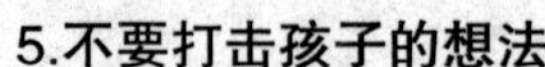

5.不要打击孩子的想法

本杰明·威斯特从小就对绘画感兴趣。一天，妈妈哄妹妹沙芮入睡之后要出门，临走前，她交待威斯特要好好看家并照顾好妹妹。威斯特一个人留在家里，左看看、右看看，不知道应该做些什么。忽然，他发现了几瓶墨水，而熟睡的妹妹又是现成的模特，于是他在地板上画起画来。

当然，家里被他搞得一片狼藉。

妈妈回来了，被屋里四处横飞的墨迹吓了一跳，但是她很快发现了威斯特的作品，尽管那还称不上是作品。“这是莎芮，对吗？”妈妈惊讶地问道，说着，轻轻地亲吻了威斯特。

成名后的威斯特总是告诉大家：“是妈妈的吻成就了我的今天。”

这就是鼓励的力量，不管孩子的想法是什么，不管孩子的行为如何“奇特”，父母只要给予鼓励，他们就能借助其增强自信心。但现实中，人们总是过于急躁，采取激烈的方法对待孩子。你可曾听说这样的话：“就你的水平，还想考清华、北大？”也许父母说这句话的意图在于激励孩子，殊不知，对于孩子而言，这是一种不信任，是一种颇伤自尊的打击，而孩子的未来也会在这样的一声声质问和敲击中失色。

6.不要在学习成绩上对孩子施加压力

看中学习成绩的教育最终会丧失其生命力，成为缺少人情味的教育。求知本是人世间最大的欢乐，我们应当让孩子从小就感受到这种快乐，从而终身受益。

日本著名的教育学家铃木镇一之所以能形成他的教育思想，也曾得益于他那与众不同的父亲对于教育的理解。

在铃木还是个小学生的时候，日本的升学竞争就非常激烈了，所有的父母都只关心孩子的学习成绩。可是铃木的爸爸却从来不要求他必须取得多高的分数，他总是对铃木说："我不对你要求太高，只要你每门功课考60分就行了。"

"爸爸，60分怎么可以呢？"儿子十分不解。因为分数的压力使得他认为必须取得好成绩才行，这经常使他有种被一座大山压在底下喘不过气的感觉。

"60分怎么不可以呢？"爸爸反问道，"60分就代表及格了，及格就表示合格了呀。你想啊，工厂的产品合格就可以出厂了。既然你已经合格了，我的孩子，你就没有必要再在这些方面浪费你的精力了。考了第二名还非要考第一名，考了90多分还非要争100分，考了一次100分就非要次次都考100分。孩子，求知是人世间最大的欢乐，倘若你总是把精力放在考试的分数上，求知不就变成一种无尽的苦难了吗？"

铃木的父亲将求学的最高境界一语道破，就是培养孩子的求知欲。由此，笔者也想奉劝那些只看重分数和名次的父母们，不要过于在意这片面的东西，不要让孩子成为升学的工具，而应多让孩子感知一些求学的乐趣。

让孩子学会适时地自我激励

也许你希望孩子成为太阳，可他却只是一颗星星；也许你希望孩子成为大树，可他却只是一株小草；也许你希望孩子成为大海，可他却只是一条小河……于是，失落感油然而生。其实，大可不必如此，做星星也照样发热发光；做小草也一样装点希望，做小河也一样滋润沃土……伟人总是少数的，只要扮演好自己的角色，生活就有阳光。对于孩子而言，自信是最好的成长礼物，所以，父母要帮助孩子树立自信，帮助孩子学会自我欣赏、自我激励。

一个小男孩头戴球帽，手拿球棒与棒球，全副武装地走到自家后院。

“我是世上最伟大的击球手。”他自信地说完后，便把球扔到空中，然后用力挥棒，却打空了。不过他毫不气馁，把球从地上拾起，又往空中一扔，然后大喊：“我是世界上最厉害的击球手。”他再次挥棒，结果仍是落空。小男孩愣住了，大概在十分钟的时间内，他又仔细地对球棒与棒球进行了一番检查，再一次把球扔到空中，并且这次他仍告诉自己：“我是最杰出的击球手。”可是他第三次的尝试依然以失败告终。

这种情况下，谁也不忍心看到一个自信的孩子一而再、再而三地被失败伤害的面容。各位，不必这样，你根本看不到你想象的那一幕。因为这个男孩子在第三次失败后，沉思了片刻，又突然从地上高高跳起，“原来我是一流的投手！”他兴奋地说。

小男孩勇于尝试，能不断给自己打气、加油，使自己信心十足。尽管他一次都没有成功，但是，他却毫无失落之意，也没有一蹶不振，他不抱怨、不伤心，反而从另一种角度来“欣赏自己”。

多么可爱的小男孩！不，多么自信的小男子汉！在欣赏小男孩的可爱的同时，人们也不禁想：要是父母也能经常对孩子说出这样的话语该有多好！

自我激励对一个人的成长有着非常重要的意义。作为父母，如果你希望自己的孩子能够成材，那就不妨多激励他，同时也教给他多多进行自我激励。因为一个懂得自我激励的孩子会将生活和学习中遭遇的挫折看轻，一个懂得自我激励的孩子也往往能够及时地发现并挖掘出自身的潜力。他们的自信心以及自己给自己加油打气的行动会让他们在困难面前无所畏惧。

当然，孩子的自我激励不是与生俱来的，有很多孩子在面对学习和生活的困难时缺乏应有的勇气和意志，他们往往表现出恐惧或行为异常等现象。如果长期下去，一定会给孩子的身心发展带来很大的危害。父母有责任帮助孩子树立起自我激励的意识。

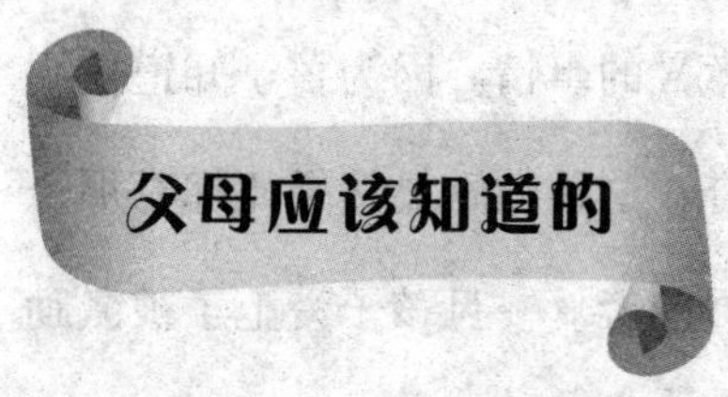

要想培养孩子的自我激励意识，父母就要从以下几个方面做起：

1. 让孩子爱上被激励的感觉

在玲玲家的橱柜里有一个非常漂亮的粉色小碗。不过这个餐碗并不

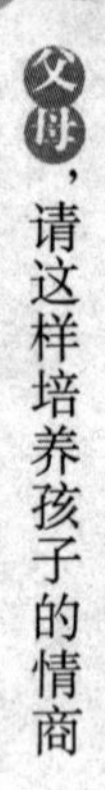

是所有的人都可以使用，因为碗上写着“出类拔萃”四个字。全家人经过协商后一致认为，只有做了一件让全家人都十分满意的事的人才有资格使用那个碗。

玲玲认为能够使用那个粉色的小碗是一件非常光荣的事情，所以她做梦都想使用那个小碗。一天，她的好朋友慧慧带着一个漂亮的芭比娃娃来找她玩，玲玲发现这是自己很久以前就看好的那款娃娃，她一直想用积攒的零花钱买下它。

慧慧得意洋洋地说，因为在这次考试中所有的科目都及格了，所以妈妈就给她买下了这个芭比娃娃。不过，玲玲在这次测验中考得也不错，还有一门功课得了A呢，可是她还不得不自己攒钱买。玲玲的妈妈担心孩子的心理会不平衡，于是她拉着女儿的手说：“宝贝，妈妈知道你平时学习很努力，爸爸妈妈都为你感到骄傲，今天晚上你就可以使用那个粉色的小碗吃饭了。”

玲玲沉思了片刻，然后她轻轻地趴在妈妈的耳边说：“妈妈，和芭比娃娃相比，我更喜欢在晚餐的时候使用那个粉色的小碗，因为那是我经过努力得到的。”

当外界的事物有可能刺激孩子的心理的时候，妈妈及时地用粉色小碗提醒了孩子，即对她来说还有更有意义的事情。因为孩子知道使用那个“粉色小碗”是一种至高无上的荣誉，这种激励显然要比拥有那个芭比娃娃更有诱惑力，所以孩子才会选择前者。一旦孩子爱上了被激励的感觉，他就会在遇到一些挫折时尝试着进行自我激励。久而久之，就会养成自我激励的习惯，而一旦这种习惯真正形成，它将会发挥巨大的作用。那时候，即使他得不到别人的赞赏和鼓励，孩子也会自己肯定自己，从而克服前进道路上遇到的各种各样的困难。

2. 让孩子树立一个远大的目标

孩子的自我激励要有一个前提，那就是必须要有一个远大的目标。父母要帮助孩子树立一个远大的目标，为了实现远期目标还要让孩子制订一个个近期目标。当孩子的生活和学习有了这些目标之后，他们就有了前进的动力。有的人的自我激励能力不强，关键就在于他们从来没有一个目标，要么就是理想太虚幻，让他们无所适从。

3.让孩子不要惧怕失败

不经一番寒彻骨，怎得梅花扑鼻香。父母要让孩子明白，失败和挫折是每个人都要经历的事情，要想取得成功，就必须先学会承受失败。失败并不可怕，可怕的是人们在失败面前一蹶不振。

4.让自己开心起来

永远不要试图在别人身上寻求快乐和幸福。一个人是否快乐，关键在于他观察事物的角度。父母要让孩子从自己身上找到幸福的源泉，而不是寄希望于他人。

5. 经常表扬孩子

父母不要吝惜自己的掌声，要经常用一些简短的话语鼓励孩子，比如“了不起”、“你很棒”、“你真勇敢”、“你很厉害”、“你是妈妈的骄傲”、“我们为你自豪”等。如果孩子遇到困难的时候这些话习惯性地出现在孩子的脑海里，那就意味着孩子的自我激励能力已经有了很大的提高。凭借父母给的鼓励，他们也会更加有勇气面对各种困难。

不过最根本的还是让孩子学会自我暗示，让他们真正觉得自己很棒。让孩子每天早上起床的时候都对着镜子说一遍：“我很棒！”这是

自我激励的最好办法。

6.让孩子树立危机意识

事实证明，人们在危机面前往往能爆发出前所未有的能量，危机可以让人们竭尽全力。

7.脚踏实地一步一个脚印

要让孩子不断地提高自己的执行能力，有了一定的计划后不要拖拖拉拉，要立即行动。不要一味地回忆过去的成就，也不要只是一直空想美好的未来而不付出行动。要立足现在，一步一个脚印向前挺进。

告诉孩子不服输，从哪里跌倒就从哪里爬起

从某些角度来说，上帝对待每一个人都是公平的。人不管是贫穷还是富有，不管外形美丽还是丑陋，无一例外地都会品尝到失败的滋味。没有哪个人可以成为永远的常胜将军，也没有哪个人永远处在失败的低谷。孩子当然也不例外，也一样会遭遇失败。不同的是，孩子的失败可能是一次考试分数的下降、一次体育比赛的落后、一次音乐课堂上的跑调、一次竞争班委的落选等，这些在成年人眼里不值得一提的小事，对于孩子们而言，都是一次严重的失败经历。对此，父母们千万不要不放在心上，当然也不可过分在意。父母要做的就是帮助孩子正确看待这些事情，既不能对孩子因为感觉失败而导致的不良情绪不闻不问，也不能向孩子传递"这根本不算个事儿"的理念，而应帮助孩子总结教训，让孩子知道每一个人都会经历成功和失败，而失败是成功之母，失败了并不可怕，可怕的是失败后就失去信心，失去追求成功的勇气。只要找出失败的原因并积极改进，就能够最终走向成功。

一次，小明的父母带他去参加了一个家庭聚会。所有的父母都把孩子带来了。几个小朋友在一起玩得不亦乐乎。

突然，一个小男孩不小心摔倒了。眼看着小男孩的泪水马上就夺眶而出了，小明忙走到小男孩跟前说："别哭了，是你自己不小心才摔倒的，不怪别人，我爸爸说男子汉摔倒了就要自己爬起来。赶紧起来吧。"

看着小明像一个大人的样子劝说着那个小男孩，好几个父母都忍不住笑出声来。小男孩以为大人们是在嘲笑自己，也有些不好意思了，赶忙爬了起来。

其他父母都很奇怪，为什么这个孩子竟然这样早熟。小明妈妈的一番话解开了大家心中的谜团。她说道："其实我们也没有什么诀窍，只是在日常生活中多留心了一点而已。以前小明也经常会摔倒，我和他的爸爸商量好了，只要我们确定孩子是安全的，我们就会采取冷处理的方法。我们会跟他说：'你怎么这么不小心呢，看看现在摔疼了吧，下次走路的时候一定要注意啊！'听到我们这么说，他就会试图自己爬起来。后来，只要小明摔倒后就会自己爬起来，还会拍拍身上的土。"

小明的父母是聪明的，毕竟父母不能永远陪在孩子身边，孩子在将来必将要独自面对种种磨难。与其让孩子一直处于父母的保护伞下，还不如让孩子及早地对挫折有一个客观的认识，并让他们学会挫折来临时应该用什么样的态度去面对。可是生活中有太多的父母不能做到这些。人们经常可以看到这样的情景：孩子在兴高采烈地跑着玩，一不小心摔了跤，看到孩子摔倒，父母就好像自己的心口被剜了一刀一样，赶忙走上前去把孩子扶起来，嘴里还念念有词地抱怨那该死的绊倒孩子的小石头或者其他东西，而这时孩子则更加委屈，他们哭得就更伤心了。

孩子总是会提出一些要求，而有些爱子心切的父母为了不让孩子受到委屈，就会毫不犹豫地答应孩子所有的请求，比如不顾自己的家庭经济状况，经常给孩子买一些相对奢侈的玩具，这在无形中激发了孩子的欲望，以为他看上的就一定要拿到手，如果父母不答应，就要使出浑身解数，直到父母缴械投降。

但是孩子的生活中不可能永远只有对他百依百顺的父母的存在，在其成长的道路上，还会遇到形形色色的人，而这些人不可能像父母对待他那样有求必应。他可能会遭遇到朋友的背叛，考试成绩可能不理想，可能会遭到来自周围人的误解，他的努力有可能会功亏一篑……这时，他只能一个人默默地承受，不管父母多么爱孩子，都不可能替他承受这所有的失败和痛苦。而这时，如果孩子没有接受过父母给他的关于失败的教育，那么，他就有可能长时间地陷入痛苦的漩涡而无法自拔。

所以父母应该在孩子很小的时候就让孩子意识到失败不可避免，但是失败也没什么大不了，从哪里跌倒就从哪里爬起，这样才能够成为生活的强者，才有可能取得最后的成功。

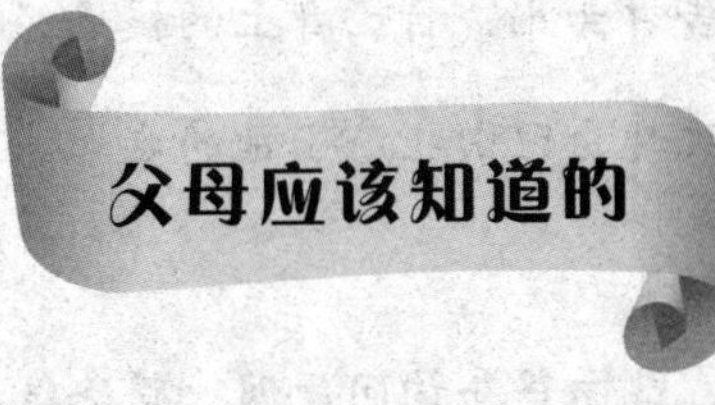

1.父母要正确地看待挫折的意义

有些父母对孩子百般疼爱，他们认为孩子的年纪还小，所以不能让他们遭遇挫折。这种做法显然是错误的。如果一个人在小时候就体会到什么叫做失败，那么，等到他长大后再去面对一些大的挫折的时候，就不至于因为过于紧张或失望而不知所措或一蹶不振，相反，他们能够找到正确的方法来解决遇到的种种难题。所以，父母应该把失败和挫折当成让孩子快速成长的有效方法，经过挫折洗礼的孩子会变得更加坚强，也会变得更加果断。

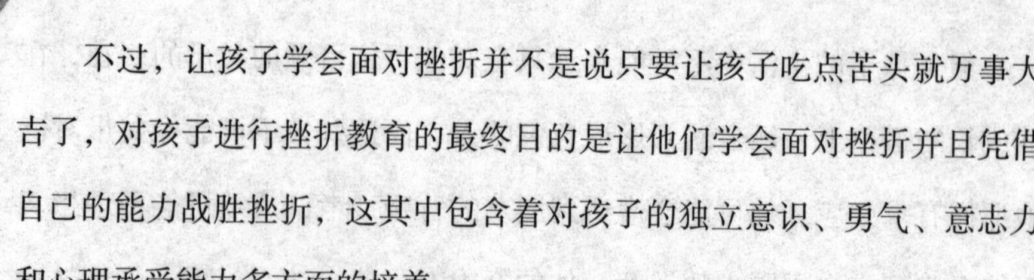

不过，让孩子学会面对挫折并不是说只要让孩子吃点苦头就万事大吉了，对孩子进行挫折教育的最终目的是让他们学会面对挫折并且凭借自己的能力战胜挫折，这其中包含着对孩子的独立意识、勇气、意志力和心理承受能力多方面的培养。

2.父母用实际行动让孩子明白什么叫挫折

小丽的爸爸是一家公司的副经理，为了让女儿生活得更加幸福，他不惜倾其所有，只要是女儿喜欢的他就会满足其要求。他不惜花费巨资为孩子买了一架名牌钢琴。可是不久，女儿就说什么也不练琴了。这时他才意识到自己在教育孩子的方法上存在问题。

有一次他又带着女儿去购物，女儿看上了一个非常可爱的毛绒玩具，她抱着毛绒玩具笑眯眯地看着爸爸。如果在以前，这位父亲肯定会毫不犹豫地给女儿买下，可是这一次他却告诉女儿，自己身上的钱已经不多了，并以她已经有了很多这样的毛绒玩具为理由拒绝了她的要求。小丽顿时就像一个霜打的茄子一样蔫下去了。

回到家里后，妈妈看到小丽很不高兴，就向爸爸询问原因，爸爸很认真地说："我们必须让她意识到，并不是所有的要求都可以无条件地得到满足。"

小丽的爸爸能够意识到这一点，当然值得人们欣慰。这个世上没有不爱孩子的父母，但是不能仅仅为了眼前孩子一时的开心就盲目地去爱，而应适当地让孩子体会到总有一些事情是有困难的，这样一来，孩子在以后的生活中才会变得更坚强。当然，父母也可以把自己遇到的不如意的事情和孩子谈一谈，并告诉孩子自己是怎样解决这些问题的。当孩子看到父母遇到失败后还能如此坚强地面对，他的心中也会树立起榜样，努力让自己成为坚强的人。

3.别忘了要鼓励你的孩子

任何时候都不要小看鼓励的作用，尤其是在逆境中，孩子容易产生消极情绪，有时他们甚至会有打退堂鼓的念头。这时父母就要不失时机地鼓励孩子。孩子会在父母的鼓励下变得开朗乐观起来，当孩子战胜一个个困难的时候，他就会肯定自己，于是他抵抗挫折的能力就会越来越强。

4.对孩子的失败，父母偶尔可以坐视不理

毕竟孩子以后要自己去面对很多事情，所以父母要让孩子学会独立地面对遇到的坎坷。父母要想真正地关爱孩子，那么就不妨在孩子失败之后做一个看客，以一个局外人的身份观察孩子的举动，这样就可以让孩子得到挫折的洗礼。

5.让孩子把因挫败感产生的不良情绪发泄出来

孩子遭遇失败的时候往往会产生不良情绪，当然，有些孩子可能在哭过一场之后就没事儿了。由此可见，哭是一种宣泄不良情绪的渠道。作为父母，不要总是告诫孩子哭是一件很丢脸的事情、哭是一个人软弱的表现。否则，孩子经常接受这样的教育，那么当孩子再次遭遇失败的时候，就不敢再去哭了，但是情绪总是要宣泄的，既然不能哭，孩子又不善于倾诉，那么孩子就可能转而用一个人发呆、意志消沉来排解内心的苦闷。这种宣泄的方式对孩子的成长极为不利。所以父母要引导孩子用正确的方式排解自己的苦闷。

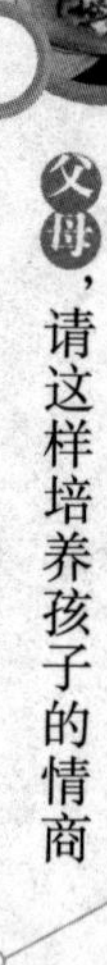

帮助孩子缓解各种压力

曾有人对500名初中生进行了调查。令人感到震惊的是，竟然有超过75%的学生表示自己承受的压力很大。他们被繁重的课业负担、父母不切实际的要求、源源不断的考试等压得喘不过气来。很多学生不堪忍受这些压力，因此变得焦虑、狂躁……他们想有一个属于自己的世界，但是迫于现实又不得不努力学习。有时候，这些孩子看起来很懂事，但实际上，他们做事情的意志又显得不够坚定。

让我们来看看一名初三学生的日常生活吧。

小磊所在的班级是学校的重点班，早上5点，闹钟就会毫不客气地准时响起，小磊紧张而又忙碌的生活就在睡眼蒙胧中开始了。接下来，容不得自己有半点拖拉，他会以最快的速度完成洗漱，通常情况下这个过程只需要短短的5分钟。然后他就要开始晨读了，7点晨读结束后，他便强迫自己吃下早餐，然后就要匆匆地赶往学校。

在一次家长会上，班主任老师向所有的家长说，要想让孩子的学习成绩有一个稳步的提高，那么就必须保证孩子的学习时间。参加完家长会后，爸爸妈妈就和小磊“商量”着制订了一个学习计划表，爸爸妈妈毫不客气地把小磊的一切业余活动都取消了，小磊的日常生活除了吃饭和睡觉就是学习。尽管小磊家距离学校很近，但是爸爸妈妈还是决定让他在学校的食堂吃午饭，这都是为了节省在路上的时间。下午放学的时间是五点。由于父母的工作都很忙，经常加班加点，所以为了节省做饭的时间，小磊经常用方便面来对付，匆匆忙忙地吃完泡面后就已经是下午五点半了，异常紧张的小磊决定好好地犒赏一下自己，于是他便打开电脑听了几首自己比较喜欢的歌。快乐的时间总是显得很短暂，一眨眼的工夫就到了晚上六点了，他不得不又一次开始学习。首先必须把老师留的家庭作业完成，做完了这些，小磊又拿出了从书店中买来的各种各样的参考资料和习题集，其实小磊很不想做这些习题，但是他又不得不这样做，否则的话他的下场“将会很惨”。所以，即使很困，小磊也还是要坚持，实在不行，他就去用凉水洗洗脸来让自己清醒些。如此这般直至深夜零点，这时，小磊必须回到床上休息了，因为五个小时以后，他又要起床了。

有很多像小磊这样的孩子，尤其是当他们即将中考或者高考的时候，他们每天都必须强迫自己做很多不想做的事情，以至于他们连最基本的平均每天八个小时的睡眠时间都保证不了。他们的生活内容只关乎两个字——学习。升学压力和孩子在成长中给自己施加的压力让他们难以忍受，有时候抬头看看窗外都成了一种很奢侈的事情，他们必须竭尽全力，只有这样才能进入一所不错的高中或大学。很多孩子纷纷采取很极端的方式来缓解压力。

比如曾有一个报道称，一名16岁的初三男孩，由于中考临近，他开始变得十分焦虑，为了缓解压力，他竟然在同学家做客的时候用菜刀砍伤了那位同学和他的外婆。后来人们询问他这样做的原因，男孩说进入初三以后他的成绩明显下降，上课的时候也听不进去，因此他总觉得老师和同学看不起他，他不知道自己的未来究竟如何，因此整日心神不宁，不知怎么，他就动了邪恶的念头。

除此之外，还有一些孩子不是把矛头指向别人，而是指向自己。

曾经有一个成绩非常好的学生，有一次却突然犯了一个很严重的错误，因此老师让他罚站。后来他竟然选择了自杀。父母在整理孩子的遗物时发现了一个日记本，孩子在日记中写到："我非常厌倦考试，每次考试之前我都会感到特别紧张，我很害怕自己的成绩不太理想，假如那样的话，我还有什么脸面活在这个世界上呢？"

无数事例证明，现在的孩子承受的压力正在不断地变大，这些压力超过孩子的承受能力后就会导致非常严重的后果，轻则让孩子的情绪不稳定，出现心理失衡，重则就有可能给自己和社会带来一些原本可以避免的伤害。所以父母一定要让孩子学会给自己减压，让孩子变得轻松起来。

父母应该知道的

虽然人们常说压力就是动力，但是如果一个人的压力过大，那么将会是一件非常可怕的事情。父母们要注意的是，由于孩子抗压能力相对较低，所以一旦压力过大，则后果将更为严重。因此，父母有责任在减轻孩子压力的问题上努力做一些事情，以下方法可供参考：

1.帮助孩子减压，首先要明白孩子的压力来自哪里

首先，孩子面临升学压力。父母希望自己的孩子能够上一所重点学校，这种现象有着愈演愈烈的趋势。以前，父母的想法就是想让孩子进入一所重点高中，然后是重点大学；现在，这已经演变成了让孩子进入重点初中或重点小学，有些父母甚至已经开始了让孩子进入重点幼儿园的角逐。在这些父母的眼中，只有那些进入重点学校的孩子才能有一个不错的未来，反之，那些不能进入重点学校的孩子将来就会成为社会的弃儿。

孩子面临如此严峻的升学形势，正是现今的孩子压力与日俱增的原因之一。

其次，形形色色的兴趣班让孩子的生活变得没有兴趣可言。很多父母为了让自己的孩子变得出众，就强行让孩子参加各种各样的兴趣班，例如舞蹈班、小提琴班、古筝班、外语辅导班等，正是这些所谓的兴趣班让孩子的生活异常忙碌，他们的业余时间都交给了所谓的兴趣班。很多孩子并没有随着兴趣班课程的深入学习而产生兴趣，相反，他们非常讨厌那些兴趣班，但是迫于父母的压力又不得不参加。另外一方面，他们又面临着严峻的升学压力，还要花费更多的精力学习文化课程。可想而知这种情况下孩子要承受的压力有多大。

再次，孩子在人际交往中往往无所适从。由于现在的孩子把大部分的时间都用在了学习上，因此他们的人际交往能力就相对变弱。他们不知道该以怎样的方式和他人进行恰如其分的沟通，因此他们的交往过程往往会出现很大的摩擦，这时他们就会变得情绪低落。

最后，来自父母的压力很大。很多父母望子成龙，当孩子的表现不如其他人时，父母通常就会变得很不高兴，有时还会对孩子横加指责。因此，很多孩子做事的时候总是担心“父母会不会处罚自己，如果父母

很生气的话会不会打我”等等。

2.父母应为孩子营造一个轻松愉悦的家庭氛围

不管什么时候，家都应该是一个最温馨的地方。不管人们在外边受到了多大的委屈，遭受了多大的不幸，当他们转身回到家里的时候，其心灵就会得到安抚。孩子内心对家的依赖尤为显著，所以父母要为孩子营造一个轻松、愉悦、温馨的家庭氛围。

然而，时下由于种种原因，父母和孩子之间的沟通和交流相对变少了，而在这种情况下，如果家里的气氛依然过于紧张或者冷清，那么对于孩子原本就极其渴望家的温暖的内心来说，无疑是雪上加霜，而这也必然会给孩子的身心健康造成不利的影响。

有这么一个十几岁的青春期男孩，在一次喝得酩酊大醉后哭着对父母说，他不喜欢这个家，因为他受够了那所房子里永无休止的争吵。他觉得父母之间的战争给他的内心蒙上了一层沙尘，所以他才去做那些不属于他的年龄所做的事：喝酒、抽烟甚至频繁地离家出走。

看了这个故事，相信父母们都会有所悟。很多时候，不是因为孩子本身叛逆，而是因为父母们的疏忽和不负责使得孩子走向歪路。因为孩子向往温馨和谐，而如果家里的氛围使他们的内心感到痛苦，那么他们就会寻找一个排遣内心苦楚的方式，于是，一些叛逆的行为开始上演。所以，父母们，不要再抱怨孩子不好管教了，首先从自身做起，给孩子一个温暖和谐的家，让孩子无助或者迷茫的时候能够放松地身处其中。

3.父母不要让自己的不良情绪影响到孩子

事实证明，如果一个人不善于控制自己的情绪，就很有可能给周围的人带来很大的伤害。据说，有一位年轻的母亲在公司无缘无故地受到了上司的批评，因此一天下来她都闷闷不乐，回到家后看到儿子正在看电视而不是在写作业，于是她的火气就不打一处来，劈头盖脸地训斥了儿子一番。儿子感到非常委屈，却无处发泄自己内心的愤怒，于是便狠狠地踢了自家的小猫一脚。这就是心理学上的“踢猫效应”。即人的坏情绪会一环一环地传递下去。在家庭教育中，如果父母恰好出现了坏情绪，请注意不要传递给自己的孩子，因为当你把自己的不良情绪发泄到孩子身上时，孩子的心理压力就会变大，大到他们不能承受时，就有可能和父母发生正面冲突，或者即使不与父母发生冲突，也会将自己的不良情绪表现在其他事物或者事情上。有猫踢还是好的，至少发泄情绪了，而一旦情绪无处发泄，长期积累下去，不仅会影响孩子的心理健康，同时还会影响到孩子生活和学习的积极性，更会影响到孩子与父母之间的关系。所以，在注意为孩子减轻压力时，也别忘了时刻为自己减压，这是避免将不良情绪传递给孩子的最佳方式。

4.父母和孩子一起融进大自然中

如果一个人长期待在室内不接受阳光的照射，相信他的生活中也不会有阳光。事实证明，当一个人置身于优美、惬意的大自然中的时候，他的身心就会得到很大的放松，原本焦虑、紧张不安的状态就会有很大的改观。所以，父母在平时要多带领孩子去郊外走一走，呼吸一下新鲜的空气，等到节假日的时候可以带领孩子远游，这不仅能够开阔孩子的视野，更能够让孩子的压力得到最好的缓解与释放。

5.父母让孩子试着自己解决问题

很多父母认为，孩子的年龄还小，处理不好自己的事情，所以父母就亲自代劳，只要孩子遇到了困难，父母会在第一时间出面解决。这样一来，孩子承受压力的能力就会变得很差，即使遇到一些小小的挫折，他也会感觉好像到了世界末日一样。所以，父母不要总是代替孩子解决他们遇到的困难，应试着让他们自己去想办法。承受压力的能力与遭遇压力的次数和程度是成正比的，多次遭遇压力并自己解决后，孩子的抗压能力和解决问题的能力必然能够大大增强，这样也为孩子应对以后的社会压力奠定了良好的基础。

6.不可忽视的音乐疗法

越来越多的人已经感受到了音乐的强大魅力，当孩子的心理压力比较大的时候，不妨找一些舒缓的轻音乐让孩子听一听。音乐有着超强的感染力，它能把人们带入一个完全不同的世界。舒缓的音乐可以让孩子的心境平和、舒适，有利于减轻压力。

帮孩子养成坚持到底的好习惯

失败和成功之间往往只是一步之遥。有时候，人们遇到了几乎不可能克服的困难，但是只要能够咬咬牙再坚持一下，胜利的大门就会敞开。中国有句古话叫做“行百里者半九十”，就是说，假设一个人想要走的路程是一百里，如果他已经走了九十多里，这时最多只能算作是一半。很多人为了自己的梦想付出了常人难以想象的辛苦，就在他们筋疲力尽地快要到达胜利彼岸的时候，却又遭遇了一个小小的挫折，如果这时他们再也走不下去了，向困难投降，那么也就与想象中的成功无缘了。

一般情况下，孩子对于某些事物的热情通常不能保持一个相对稳定的时间。刚开始的时候，他们会兴致勃勃地一遍遍地重复着自己想要做的事情，可是刚过不久，他们就会把注意力转移到其他方面。

玲玲今年8岁了，有一次，妈妈带着她观看了一场文艺演出。当那四只可爱的小天鹅伴着欢快的音乐在舞台中央翩翩起舞的时候，玲玲深深地被她们的美丽所折服，并且暗自下决心，自己也要成为一只让所有人都喜欢的“小天鹅”。

“妈妈，我想变成一只小天鹅！”玲玲用稚嫩的嗓音对妈妈说。

“宝贝儿，怎么突然有这种想法呢？”妈妈好奇地问女儿。

“咱们上次在晚会上看到的那四只天鹅姐姐好漂亮啊，那么多叔叔

阿姨都非常喜欢她们，我也想像那四个姐姐一样，变成一只美丽的小天鹅。”玲玲很认真地说道。

“宝贝儿，你知不知道那四个姐姐练习了很久才能有现在的表现，如果你也想变得那么漂亮的话，必须受很多苦。”妈妈很认真地跟女儿说道。

“嗯……嗯……，我不怕吃苦。”玲玲犹豫了一会儿说。

“好吧，改天妈妈帮你咨询一下，看看哪个舞蹈培训班的声誉比较好，然后咱们马上就去报名参加培训。”妈妈跟玲玲这样说道。玲玲听到妈妈的话后，几乎要兴奋地跳起来。

很快，妈妈就给玲玲找到了一个很棒的舞蹈培训班，很多在比赛中拿到优异成绩的孩子都曾经在这里接受过培训。玲玲就这样开始了自己的舞蹈生活。刚开始的时候，玲玲表现了极大的热情，每次都让妈妈提前半个小时把自己送到培训班，然后一个人仔细地在镜子前回想着老师教过的要领。

可是不久之后，玲玲对学习芭蕾的热情就不那么高了。因为授课老师的要求非常严格，容不得有一丝瑕疵。每次上完课，玲玲都累得浑身酸痛，经常一个人在休息室偷偷地抹眼泪。再说，当初想练习芭蕾舞是受到了晚会的影响，可是现在，她几乎已经快把那场晚会的情景忘得差不多了。

后来，玲玲对于上舞蹈培训班这件事渐渐地有了抵触情绪，不管妈妈怎么劝说，玲玲都坚持不去学习舞蹈了。玲玲的小天鹅之梦就这样一点一点地破灭了。

一个人的坚持能力有多久，大概只有在遇到困难的时候才可以看出来。在日常生活中，父母不妨给孩子设置一些困难，让他们自己想办法解决，这时候父母只在一旁静静地守望事态的发展就可以了，当然，必要的时候父母也要向孩子提供一定的帮助，这样就有助于锻炼孩子面临困难的时候坚持的能力。

在孩子的成长道路上会出现很多让人无法预料的难题，有的孩子脾气比较倔强，遭遇失败后还会一而再、再而三地努力尝试，而有的孩子在经历过一次失败之后就再也不想尝试了。事实证明，第一类孩子在长大后的表现要明显地高出第二类孩子，而第二类孩子做事情的时候往往会半途而废。

失败和成功往往只有一步之遥，很多时候，再坚持走出一步就到达成功了，但是大多数人都选择在离成功一步之遥的地方止步。如果你不希望自己的孩子在即将达到成功时放弃，那就要在他很小的时候培养他做事坚持到底的毅力。

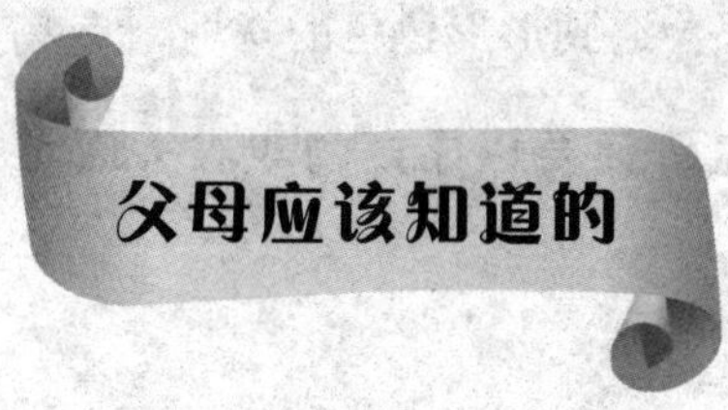

父母应该知道的

父母怎样做才能帮助孩子培养起在失败之时不退缩，在困难面前不放弃的毅力和勇气呢？以下几个方面会给你启发：

1.要让孩子正确地面对挫折

小马克7岁那年在大街上玩耍时，不小心被飞驰而来的大卡车撞倒了，从此失去了双臂，他也因此而被学校拒之门外。看着儿子对那些背

着书包去上学的小伙伴的羡慕之情，妈妈总会对他说："马克，没有胳膊和手并没什么大不了的，只要你坚持锻炼，它们就还会再长出来的。"小马克信以为真，并在妈妈的帮助和指导下，开始了艰苦的锻炼过程，他努力学习用脚洗脸、吃饭和写字，还有其他一些力所能及的事情。小马克坚信，只要努力练习，胳膊和双手就一定会重新长出来。

转眼就过了好几年，在这几年里，小马克已经能够用脚做很多事情了。他发现胳膊和手依然没有长出来，便问妈妈："为什么我的胳膊和手还没长出来呢？难道是我还不够努力吗？"妈妈说："亲爱的，你的胳膊和手虽然还没有长出来，但是别人用胳膊和手做的事情，你不是也同样能够做很好吗？孩子，每一个人都拥有一副坚强的臂膀和一双强有力的手，而这些东西并不是只有外在的表现形式，它们还装在我们自己的心里，只要你不放弃，它就会帮你战胜一切困难和挫折。"

这位母亲对孩子的教育是否能给你一些启发呢？让孩子对挫折有一个客观的认识吧，让他明白，遭遇挫折和失败并不是什么见不得人的事情，也不是什么大不了的事情。每个人都会遇到形形色色的坎坷，不要因为一时的失败而垂头丧气、一蹶不振，而要以昂扬的斗志去面对挫折。

2.让孩子认识到坚持的意义

父母要让孩子从小认识到坚持的重要意义。当孩子遇到一些小的困难时，父母要鼓励孩子坚持下去，坚持下去就是胜利。等到孩子在父母的鼓励下通过自己的坚持取得成功的时候，他们就会体会到坚持给自己带来的好处。父母要让孩子明白，很多人就是因为缺少坚持的毅力而在即将取得成功的时候选择了放弃，最后只能落得个前功尽弃的下场，从而让孩子认识到坚持的意义。

3.让孩子对自己负责

曾经有人说过这样一句话：“自己选择的路爬着也要走完。”也就是说要让孩子对自己负责，不要轻易地放弃自己的选择。如果一个人遇到困难后就选择打退堂鼓，那么，他永远也得不到成功。

4.给孩子证明自己的机会

父母要适时地肯定孩子，刚开始的时候可以让孩子做一些难度较小的事情。随着年龄的增加，父母可以把分配给孩子的任务的难度加大。如果孩子面露难色，父母就要说一些鼓励的话，如：“虽然这件事有点难，但是妈妈知道你肯定会做得很好，对吗？”当父母向孩子说出这样的话的时候，孩子就会变得更加自信，他们也有了坚持下去的勇气。

5.让孩子背诵一些名言

自古以来就有很多鼓励人们的名言，这些话语有着不可估量的作用。让孩子多背诵一些这样的名言，当孩子遇到挫折的时候，它们就会起到鞭策的作用。例如：宝剑锋从磨砺出，梅花香自苦寒来；冰冻三尺，非一日之寒；只要工夫深，铁杵磨成针等。

第七章

好父母胜过好老师，好兴趣胜过好成绩

爱因斯坦曾说“兴趣是最好的老师”，孔子也告诉我们“知之者不如好知者，好之者不如乐知者”，这些都说明了兴趣爱好对一个人的成长和成功的重要性。尤其是对于正在成长中的孩子，兴趣爱好显得更为重要。他们只有对某件事情感兴趣了，才会全身心地投入其中，才能够学到足够多的知识和技能。所以，在孩子的成长过程中，父母们一定要注意培养孩子的兴趣爱好，帮助孩子为以后的成功打下坚实的基础。

别拿孩子的兴趣不当回事儿

爱因斯坦曾经说过，“兴趣是最好的老师”，只有使孩子对某件事情很感兴趣，才能最大限度地激发他们的潜能。对于自己感兴趣的事情，孩子总能够保持较长时间的热情和注意力，这时他们往往会为了自己的梦想而全力以赴；可是如果孩子在父母的强制下放弃了自己的兴趣，做一些自己不喜欢的事情，那么必将会不满，甚至还有可能和父母发生冲突。其实，父母强制孩子做事情的现象在生活中很常见，这会阻碍孩子的发展。

15岁的小轩脸上总是挂着人们无法解读的忧郁，很多人都说小轩比较孤僻。其实，以前小轩是一个很开朗的男孩，他的学习成绩也不错。那时的小轩非常喜欢跳舞，每当电视上有舞蹈表演时他都看得如痴如醉，为了学习舞蹈，他成了会跳舞的邻居大姐姐的“跟屁虫”。起初爸爸妈妈也不怎么在意，只把这当做孩子一时心血来潮的举动。可是后来他们发现，这个孩子喜欢跳舞几乎到了痴迷的程度，有时候甚至会忘记回家吃饭。等到小轩读初中以后，爸爸妈妈觉得再也不能让孩子“胡闹”下去了：“一个男孩去学跳舞，不但不会有什么成就，还会被别人笑话。”因此爸爸妈妈开始坚决反对孩子跳舞，他们禁止孩子和那些学舞蹈的人来往，甚至禁止孩子观看有关舞蹈的电视节目。小轩的父母一致认为，只有学好课本知识才是最重要的，只有这样才能有一个比较不错的未来。小轩在父母的压力下不得不放弃了自己的兴趣，每天他需要做的事情就是一头扎进做不完的题海中。刚开始，父母还为他们的“英明决策”而感到庆幸，可是后来，他们渐渐发现小轩变得不像以前那么开朗了，总是一副心事重重的样子，学习成绩开始下滑，眼看着孩子都已经升入初三了，爸爸妈妈看在眼里，急在心上。

其实，生活中还有很多类似小轩的例子，很多父母完全忽视了孩子的意愿，他们凭借着自己的经验来决定让孩子学习哪些东西。有的父母为了培养孩子的所谓的高雅的情操，不惜斥巨资给孩子买来名牌钢琴，父母从来不问孩子对这种乐器是否感兴趣，就强迫孩子参加钢琴学习班，回家后还要坚持练琴。这种做法招来孩子严重的不满。父母应该尊重孩子的兴趣爱好，尊重孩子的选择，不能越俎代庖实行专制政策。只有尊重孩子的选择，孩子才能在自己的道路上找到真正的快乐和幸福，这时他们才有可能取得事业上的成功，才能生活得更加幸福。

2002年5月，美国加利福尼亚州的一所中学像往常一样充满生机。学校组织了一次新生入学考试，其中有这样一道题目：在比尔·盖茨的办公桌上有五个带着锁的抽屉，这五个抽屉上贴着五个标签，他们是金钱、兴趣、幸福、声誉和成功，聪明的盖茨每次都只带一把钥匙，而把另外几把锁的钥匙放在其中一个或几个抽屉里。盖茨会把哪把锁的钥匙带在身上呢？另外几把钥匙又会被锁在哪个抽屉里呢？

有一位美国男孩，他在经过深思熟虑之后选择了金钱，因为他觉得既然盖茨这样有钱，那么他对财富的追逐肯定是永无止境的。于是他选择了金钱，也就是说，他认为其他几把锁的钥匙都放在这个抽屉里。考试成绩公布了，这位美国男孩原以为自己可以得到满分，没想到老师竟

然给了他1分。

这位男孩百思不得其解，老师也没有告诉他为什么，只是让他自己寻找答案。后来，男孩就拿起笔写了一封信寄给了盖茨，他希望自己能够从盖茨那里得到答案。盖茨郑重其事地给他回了一封信，在信中，盖茨写下了这样一句话："有关你人生的所有秘密都深深地埋藏在那些你最感兴趣的事情上。"

于是大家都明白了，虽然盖茨拥有那么多的财富，但是他却不是为了财富才从事IT工作的，而是因为这是他的兴趣所在。当他做自己喜欢的事情到达一定程度之后，其他诸如金钱、名誉等东西也就自然而然地主动送上门来了。

无论是谁，做自己不感兴趣的事情都很难做好，同时也无法从所做的这些不感兴趣的事情中收获快乐，有时甚至会感到极其厌烦。孩子当然也不例外，做自己不感兴趣的事情，他们会感到无趣，如果一再被强迫去做，他们必然会产生逆反心理，这样一来，事情就会变得更糟。

每一个孩子都隐藏着无限的可能，你不知道他今后是成为舞蹈家还是歌唱家，不知道他能成为飞行员还是数学家，也不知道他会是一个成功的政治家还是一个优秀的企业家……因为这些人生目标不是也不应该是父母来为孩子设定的，父母应该看孩子对什么最感兴趣，再根据他的兴趣来帮助他最大限度地发挥其特长。无数事例证明，只有一个人真正地从内心喜欢某件事情，他才会投入全部的热情和精力，才能勇敢地面对前进道路上的一些困难。所以说，兴趣和一个人是否能成才有着很大的关系。要做一个合格的父母，就要从孩子自身的特点出发，重视孩子的兴趣爱好，并帮助孩子找到梦想的方向，而不支持或者一味阻挠孩子的兴趣爱好，不仅可能扼杀了孩子的美好未来，也会伤害孩子的心灵。

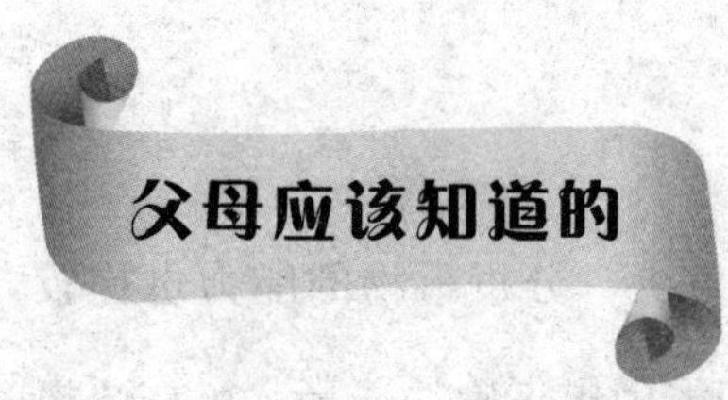

兴趣对一个人能否取得成功具有非常重要的意义，那么父母在培养孩子的兴趣时需要注意哪些问题呢？

1.给孩子机会找出自己的兴趣

父母们要明白，在孩子的一生中，除了读书和考试还有很多重要的事情要做。只有找到了自己最感兴趣的事情，他们才有可能生活得更加幸福美好，等到他们长大后，当他们从事自己喜欢的职业的时候才能取得最大的成功。因此，父母在教育孩子时不要一味地强迫孩子学习课本知识，而要营造一个轻松愉悦的家庭环境和学习环境。当孩子承受的压力相对减少的时候，他们就会变得更加轻松，这样一来，才有可能发现自己真正喜欢做的事情。

2.尽量让孩子接触不同领域的知识，发掘孩子的天赋

父母要让孩子从书房里走出来，尽可能多地参加丰富多彩的活动。例如和孩子一起听听音乐会、观看话剧表演、参观书画展览、用天文望远镜观察天象、参加体育锻炼等。当然这时候不要对孩子期望过高，不要指望他们参加过一两次活动就能从中学到很多知识，而是要注意孩子在参加这些活动时的状态，看看最能引起他们注意和让他们为之心潮澎湃的活动是什么。例如，有的孩子在欣赏音乐的时候对乐曲的旋律和节拍非常敏感，这就意味着孩子在音乐上可能有很高的天赋。一旦发现孩子的兴趣所在，就要为孩子创造更多的条件让他去学习，激发孩子的潜能。当然在这个过程中不能强迫孩子。

3.对孩子宽容一些

由于孩子的生活阅历不足，知识储备少，分析事物的能力也比较弱，因此当他们遇到事情的时候，往往不能做出正确的选择。可是要想培养孩子的兴趣，就必须让孩子学会选择，等到孩子慢慢长大后，他们就能自主地解决一些事情。这是一个积累经验的过程，每个人都要经历这个阶段。当孩子想要做出一些不合适的选择的时候，父母要耐心地引导而不是一味地指责孩子的举动，要给他们犯错的机会，这样有利于培养他们敏锐的观察能力和果断的决断能力。

4.培养孩子的发散思维

如果父母能够恰如其分地给孩子提出一些问题，那么将有利于激发孩子的好奇心，锻炼孩子思考问题的能力。这时父母要注意，向孩子提问题时不要简单地让孩子回答对还是错，而是最好用类似“你觉得应该怎么做”、“我们应该怎样解决”、“为什么蜗牛走得那么慢”、“为什么打雷下雨”等问题来引发孩子的深度思考，让他们主动地发现一些新的问题，这时候孩子的兴趣就会更强。

让孩子插上想象的翅膀

人之所以和其他动物有很大区别，就在于人有想象力，有了想象力才有创造的可能。人们为了实现自己想象中的场景或者得到想象中的事物而不断努力，这样一来，人类历史才有了不断向前进步的可能。想象是所有知识的源泉，如果要用其他的东西来和人的想象力交换，相信谁都不会同意。

对于大人而言，想象力是创造的源泉，对于孩子而言，想象力同样不可或缺。如果扼杀了孩子的想象力，就等同于扼杀了孩子的天性，孩子可能从此不再对任何事情感兴趣，也因此可能会导致孩子一生碌碌无为。所以，作为父母，一定要注意精心呵护孩子的想象力，千万不要扼杀孩子的想象力。

有一段时间，星子的心情每天都很好，因为她们班刚来了一个从师范大学毕业的年轻漂亮的女老师。这位漂亮的女老师几乎得到了所有学生的喜爱。不过别看老师长得温柔漂亮，她也有生气的时候。

有一天，老师在课堂上向大家提出了这样一个问题："小朋友们想一想，弯弯的月牙像什么呢？"听到老师的问题后，所有的学生几乎同时喊出了几个字："像小船！"

老师听到学生的回答后满意地笑了笑，她给孩子鼓了鼓掌并说道："非常好，大家回答得很好。"

可是，老师没有发现坐在角落里的星子，她悄悄地把自己的小手举了起来。看到老师没有发现自己，星子一下子把手举得高高的。

这时老师说道："星子，你有什么问题吗？"

星子忙站起来说："老师，我觉得弯弯的月亮有点像妈妈买回来的豆角。"

年轻的老师听完星子的话后，她那张白皙的面孔立刻变了颜色，她看起来有些生气，告诉星子说："你答错了，所有的同学都说弯弯的月亮小船。为什么你却认为它像豆角？为什么你一定要标新立异呢？难道你比别的孩子聪明吗？"

老师的话让班里的学生哄堂大笑，委屈的星子在一瞬间眼泪夺眶而出。

那一天，星子一直闷闷不乐，她把自己的遭遇向曾经做过老师的奶奶说了一遍。星子本来想在奶奶那里得到肯定，不料奶奶开口便说："孩子，老师的批评是对的，我教了一辈子的书，所有的学生都说弯弯的月亮像小船！"

听完奶奶的话，星子不再说什么了。后来，她甚至开始讨厌那位年轻漂亮、衣着时尚的老师了，从此以后，她再也不敢在课上提出自己的问题了。从那时起，一个小小的愿望就开始在星子的心中生根发芽了，星子暗暗地发誓，将来一定要做一名老师。

长大后，星子考入了一所很有名的师范大学，并以优异的成绩顺利毕业。毕业后，她回到了自己的老家，做了一名小学教师。

星子不喜欢太过艳丽的服装，上第一节课的时候，她穿了一身整洁朴素的衣服，显得很漂亮。她满脸微笑地和学生们说："同学们好，我有一个问题要问一问大家，你们说弯弯的月亮像什么呢？”

“像——小——船。”和从前一样，大部分孩子都这样异口同声地回答。星子没有急于表扬这些孩子，她带着渴盼的眼神望着大家，好像在寻找什么。学生也不知道老师到底在干嘛。过了一会儿，星子又开口问道：“还有没有不一样的答案呢？”

这时一个很腼腆的小姑娘站了起来，她说道：“老师，我觉得弯弯的月亮像豆角。”“非常好，这位同学的答案非常棒！”听到小女孩的回答后，星子兴奋地说道，“当然了，我的意思并不是说其他同学的答案就不正确。我只是想让大家明白，当你们思考问题的时候要大胆地发挥你们的想象力，很多时候，答案并不是唯一的。比如除了这些之外，弯弯的月亮像不像眉毛？像不像马尾辫？像不像镰刀？等等。”

后来，那位在星子的第一节课上说弯弯的月亮像豆角的小女孩成了一名年轻的作家。女作家把自己出版的第一部作品送给了老师，并在书籍的扉页上写上了这样一句话：

送给我最敬爱的启蒙老师：感谢您给我插上了想象的翅膀！

星子是不幸的，因为她没有遇见一个保护她的想象力的人。星子的学生是幸运的，因为星子懂得如何让他们插上想象的翅膀。

培养孩子的想象力是一件非常重要的事情，毫不夸张地说，孩子的想象力关乎到一个国家的未来。孩子想象力是否丰富在很大程度上决定了他们创造性的高低。有了强大的想象力，孩子就可以更有效地学习各种科学文化知识。想象力是一对美丽的翅膀，有了想象力，孩子就可以自由地飞翔。

孩子的有些想法在成人看来显得有些不切实际，让人感到非常好

笑。但是大家不要忘记，正是有了想象力才有了飞机的顺利升空，才有了人类的登月之行，才有了电灯泡的产生……

父母应该知道的

孩子的想象力如此重要，那么，怎样做才能培养孩子的想象力呢？

1.让孩子说出心中的故事

每个孩子都是一个小小的世界，等着人们去发现、去欣赏。每个孩子的心里都有属于自己的一片小天地，这里有他们自己的故事。让孩子说出自己心中的故事，有利于培养孩子的想象力，同时还能锻炼孩子的语言表达能力。

据说，歌德在很小的时候就表现出善于思考的特点，妈妈发现后就开始有意识地培养歌德的想象力。

那时候，小歌德喜欢在睡觉前听妈妈给自己读一些小故事。每次读到一半的时候，妈妈就会停下，并让歌德想象接下来故事会怎样发展下去。

妈妈的这种教育方法极大地培养了歌德的想象力，为歌德后来成为举世闻名的作家奠定了基础。

事实证明，让孩子说出自己心中的故事，对于锻炼孩子的想象力有非常大的帮助，除了让孩子续编故事，父母还可以给孩子拟定一个主题，让孩子按照主题来编故事。随着时间的流逝，孩子的想象力就会越来越强。

2.孩子的想象力需要得到赏识

好孩子是夸出来的，不是骂出来的。每个人都有不可估量的潜能，尤其是孩子们的潜能有更大的开发余地。毋庸置疑，赏识孩子是激发他们潜能的最好方法。如果孩子的想象力和好奇心得到了及时的肯定，将会给孩子智能的开发带来很大的好处。孩子经常会向父母说一些自己的想法，而在成年人看来，这些想法可能非常幼稚，这时，父母要保护孩子的自尊，并且对他们的奇思妙想进行明确的肯定。不妨让孩子行动起来去努力实施自己的想法，当然在这个过程中孩子很有可能遭遇失败，但是无论如何，孩子的动手能力增强了，就会越来越敢想象。

3.锻炼孩子的动手能力

孩子想象力的强弱可以通过孩子的创造力表现出来。很多男孩喜欢把玩具拆开，大部分父母看到这样的情况后都会非常生气，但是有些父母则鼓励孩子把这些拆散的玩具重新组合起来，这样一来，不但满足了孩子的好奇心，还锻炼了孩子的动手能力。当然了，如果孩子经常把买来的玩具拆得七零八落，的确是有些可惜，这时候父母不妨让孩子学学做手工。可以给孩子准备一些颜料、蜡笔、胶水、纸盒子等原料让孩子进行一些有创意的手工制作。如果孩子做得好了，父母要进行表扬和鼓励。还有的孩子喜欢玩橡皮泥，这样就更能培养孩子的想象力了。刚开始的时候可以让孩子捏一些简单点的东西，等到孩子熟练了，就可以让他捏一些小场景。相信很多孩子对这个都很感兴趣。

埃瑞克聪明伶俐，活泼好动，对任何事物都有强烈的好奇心。

一天，妈妈在洗衣服，爸爸在修剪草坪，埃瑞克独自在花园里玩

耍，他正在摆弄哈里叔叔昨天送给他的玩具汽车。他不明白为什么这个小汽车可以遥控控制，想让它跑它就跑，想让它停它就停。或许是汽车里头装着什么神奇的东西。为了看个究竟，他动手把小汽车拆开了。可是，并没有找到答案，麻烦却来了：他无论如何都装不上了。

妈妈晾衣服路过他身边的时候，看到玩具汽车已经成了一堆零件，便生气地说："你太顽皮了。哈里叔叔送的礼物，才两天，就被你拆成这样了，不仅哈里叔叔知道了会生气，爸爸妈妈也不会喜欢破坏东西的孩子。看爸爸怎么收拾你吧。"

埃瑞克有些害怕了，他不安地等待着爸爸的惩罚。可是爸爸边修剪草坪边说："埃瑞克，稍等一下，爸爸马上就把草坪修剪好了。等一下我们一起把玩具装好，可以吗？"

爸爸知道他不是故意破坏玩具的，埃瑞克对此很高兴。过了一会儿，爸爸修剪好草坪就过来了，他同埃瑞克一起摆弄起这些玩具来，不一会儿，就装好了。看着埃瑞克惊喜的表情，爸爸说："埃瑞克，如果你没有看明白玩具的构造，我们就再把它拆开重新装一遍。"就这样，在拆装玩具的过程中，爸爸不断地给埃瑞克讲解玩具的构造，并鼓励埃瑞克自己完成组装小汽车的任务。几个小时过去了，在同爸爸一起反复地拆装后，小埃瑞克终于可以在爸爸不插手的情况下把玩具恢复原状。这次，埃瑞克学到了很多机械知识。

很多时候，孩子都是爱惜自己的玩具的，他之所以将其拆开，并非是要故意破坏，而是想弄明白一些事情，这是求知欲的表现，说明孩子可以自己去看待问题、研究问题了。对于这种情况，父母不应一味批评或者严令禁止，这样会扼杀孩子的好奇心和求知欲。

尊重孩子的想法和选择

现在的社会竞争日益激烈，很多父母为了让孩子有一技之长，就给孩子报各种各样的兴趣班。但是很多父母在给孩子选择兴趣班的时候却忽略了孩子真正的兴趣爱好，出现了一种盲目跟风的现象，那些有利于升学和就业的兴趣班往往人满为患。其实父母们的出发点是可以理解的，都是希望孩子将来能过得好一点，有时虽然孩子很不情愿去，还是被父母用尽各种手段逼进去了。另外一方面，对于那些孩子真正感兴趣可是父母却不喜欢的领域，有些父母会盲目地进行否定，有时还利用强硬手段制止孩子。

巴甫洛夫获得了1904年的诺贝尔生理学奖和医学奖，他是俄国历史上第一个获得诺贝尔奖的科学家，这也意味着他取得了当时生理学最突出的成就。

巴甫洛夫出生于俄国中部的一个叫做略桑的小乡镇上，祖父和曾祖父都是当地老实巴交的农民，父亲是当地的一个非常贫穷的教区的教士，由于家境不好，母亲经常出去给别人做零活。不过父母并没有因为家境不好就放松了对孩子的教育。他父母的为人都很正直，讨厌欺下媚上，虽然对子女的要求非常严格，但是他们并不搞专制，他们会尊重孩子的选择。

巴甫洛夫的父亲非常喜欢读书，在日常生活中，他们一家的花费几

乎节俭到了吝啬的地步，但是对于购买图书，父亲却一点也不含糊，他会经常买一些刚刚出版不久的新书。他不像别的教士那样只关注神学，在他的书架上有很多关于自然科学的书籍，另外还有一些比较激进的杂志。因此，他也经常被其他教徒指责为背叛神明。

15岁那年，巴甫洛夫无意间在父亲的书架上发现了一本名为《日常生活中的生理学》的书籍，这本书深深地吸引着巴甫洛夫，他开始对生理学产生浓厚的兴趣。遇见这本书是巴甫洛夫生命中的一个至关重要的转折点，巴甫洛夫将这本小书小心翼翼地保存了一生。

巴甫洛夫的父亲非常开明，他总是能够尊重孩子的意愿。巴甫洛夫在教会学习的五年期间，每次考试都是名列前茅，爸爸非常希望巴甫洛夫能够像自己一样成为一名传教士。但是，此时的巴甫洛夫已经学到了很多科学知识，他不想走父亲已经走过的路。于是巴甫洛夫悄悄地报考了彼得堡大学的生物学院，并且以优异的成绩顺利地拿到了录取通知书。当巴甫洛夫把这个消息告诉父亲的时候，父亲并没有大发雷霆，而是对孩子的选择表现了极大的尊重。

“能不能等你在教会的学校毕业以后再去彼得堡读大学呢？”父亲以商量的口吻和巴甫洛夫说。

“爸爸，我不能再这样耽误下去了，我感到自己肩上的担子很重，还有很多知识等着我去学习。”巴甫洛夫坚定地和父亲说，言语中充满着对新生活的渴望和对知识的渴求。

“你那么着急究竟想知道什么呢？”

“现在我最想知道的就是人体的构造。”

“难道你想当医生吗？”

“不，我不想当医生！”巴甫洛夫连忙摇头说。

“既然这样，那你为什么一定要学习人体知识呢？”

“因为我想让人类不再承受那么多的病痛，我想让人类生活得更加幸福安康。”巴甫洛夫的回答显得激情饱满。

“好吧，儿子，你有自己的想法我感到很高兴，可是你真的能够实现自己的理想吗？你真的考虑好了吗？”父亲有些疑惑地问道。

“是的爸爸，我已经决定了，我会努力的！”

“那好吧，爸爸支持你。不过，你要为自己的选择负责。祝你成功！”

当教区的主教得知巴甫洛夫要离开神学院去学习自然科学的时候，非常严厉地批评了巴甫洛夫的父亲。但是巴甫洛夫的父亲为了孩子的理想顶住了来自主教的压力，义无反顾地支持孩子的选择。

后来，巴甫洛夫果然没有辜负家人的期望，成为著名的生理学家。

巴甫洛夫的父亲没有强迫孩子，而是尊重了孩子的想法和选择，这是值得很多父母学习的。因为，孩子也有思想，也有渴望被尊重的心理需求。当他们感知到来自父母的尊重时，他们就会产生一种成就感和满足感，这时他们就会显得很愉快。另外，一个从小就能够受到足够尊重的孩子，其民主意识就会不断地增强，这个孩子长大以后也不会独断专行。

王女士有个3岁的儿子，曾经有一段时间，儿子闹得特别凶。尤其是早上起床的时候，如果给他穿黑色的袜子，他就会拼命地大哭大叫，如果给他换一双白色的袜子，他还是不肯罢休。有时候不耐烦的王女士就会强行给儿子套上袜子，可是这小家伙就会闹着要穿原来那双被自己抛弃的袜子。王女士为此烦恼了很长时间。

一次，王女士在无意间发现了制服孩子的法宝。那天起床的时候，王女士问儿子：“宝贝，你想穿黑色的袜子还是白色的袜子呢？”

“黑色的。”儿子不假思索地答道。这让王女士喜出望外，原本她还在想着应该怎样说服小家伙呢，没想到让他自己选择反而省了不少力气。

“那你想先穿左脚，还是先穿右脚呢？”

“右脚。”儿子脱口而出。王女士没有想到，她只不过是简单地征求了一下儿子的意见，事情就能做得如此顺利。

从王女士的例子中我们可以看出，每一个孩子都有自己的想法，他们有主见去选择一些事情做，作为父母，不要仗着自己是成年人就对孩子进行专断的管制，这样除了会引起孩子的叛逆心理之外，没有任何好处。所以，在孩子慢慢长大的过程中，请多给孩子一些理解、一些尊重。就如事例中王女士的儿子那样，原本他对穿哪种颜色的袜子并没有十分明显的好恶倾向，但他之所以闹个不停，并不是因为其他原因，而是因为他只是希望妈妈能够充分尊重他的想法和选择。

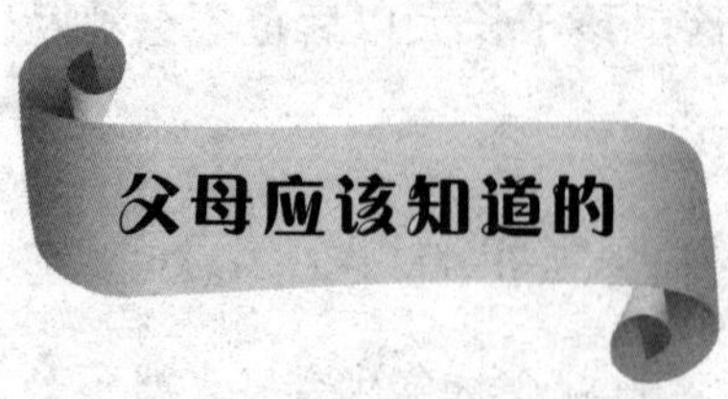

父母学会尊重孩子的想法和选择，就要从以下几个方面做起：

1.父母要和孩子进行平等的交流和沟通

只要留心一下就会发现，父母经常会有意无意地用一些命令式的语言与孩子说话，但是却很少用那些霸道的话来和自己的朋友沟通。这是因为父母和孩子在一起的时候，理所当然地认为自己应该是统治者，因此总是以一种居高临下的姿态对孩子说话，而不是把孩子当做平等的人来对待。当人们以一种命令的口吻说话时，代表的就是对对方能力的不信任，当然会引起对方的不满。因此，父母要做到尊重孩子，首先就要以一种平等的姿态和孩子进行交流。

2.不要强制孩子参加一些兴趣班

很多父母从来不问孩子的意愿，随随便便就给孩子报一些兴趣班，事实证明，这样的做法很不妥。如果父母想让自己的孩子有一技之长，平时就要留心孩子对哪些事物比较感兴趣，然后经过与孩子协商，让孩子自主选择兴趣班。当然这并不是放任自流。父母要告诉孩子应该为自己的选择负责，自己决定的事情不管遇到什么样的困难都应该努力克服，不能随随便便就放弃。

3.尊重孩子的人格和自我意识

父母不能因为孩子还小就认为他们什么也做不好，大部分孩子在三岁左右的时候就会萌发自我意识。他们希望通过自己的行动而不是借助他人的帮助完成一些事情。可是很多父母却剥夺了孩子的这种权利，使孩子的行动能力变差，等到孩子长到一定年龄的时候，父母又因为他们做不好事而指责他们，这种做法颇为不妥。父母应该做的是，无论孩子年龄多小，都应该尊重孩子的人格和自我意识，不要在外人面前批评孩子，不要伤害他们的自尊心。

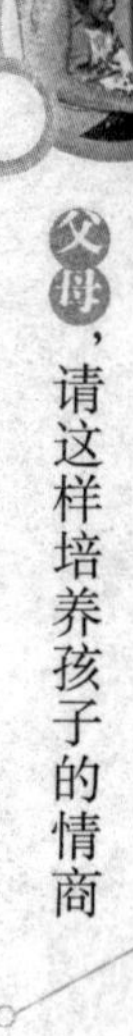

让孩子拥有广泛的兴趣爱好

一部《红楼梦》不知道赚取了多少痴男怨女的眼泪，很多人沉浸在曹雪芹编制的故事里悲悲戚戚不能自拔。人们不得不承认，曹雪芹是一个当之无愧的杂家，以至于人们不知道该用哪些话语来评价他。曹雪芹用他的生花妙笔给人们建造了一个美仑美奂的大观园，园中房屋的整体布局令人叹为观止，于是有人说，曹雪芹是一个伟大的建筑设计师；很多人还记得薛宝钗讲述哥哥为自己制造冷香丸时的繁琐事宜，这时，很多人觉得曹雪芹应该是一个医术高明的医师；当人们读到王熙凤为刘姥姥讲解茄子酱的做法时，又觉得曹雪芹应该是一个名副其实的美食家；读到大观园中种植的形形色色的花草树木，又让人觉得曹雪芹应该是一个植物学家；不过最有趣的还是他对于人物心理冲突的描写，人们又觉得曹雪芹应该是一个心理学家。

其实，《红楼梦》之所以成为流芳百世的经典名著，和曹雪芹有着广泛的兴趣是分不开的。正是因为曹雪芹有着广泛的兴趣，所以他才能够在很多方面都有很深的研究，所以他写出来的东西才能那样生动真实，引人入胜。可以设想一下，假如曹雪芹是一个迂腐的书生，除了读书什么都不懂，那么，肯定就不会有今天的《红楼梦》了。

我国有句古话叫做“技多不压身”，就是说一个人拥有的本领永远不会成为他本人的负担。相反，如果他拥有的技能多了，那就意味着他有了更多、更广的发展空间。对于孩子而言，他的兴趣爱好越广泛越好，作为父母，大可不必去压制或者存有担忧。想反，作为父母，最应该做的是帮助孩子拓展兴趣爱好，这不仅能够丰富孩子的课余生活，也能在一定程度上帮助孩子开发大脑。

一位母亲说，她的女儿已经上初一了，可是她越来越搞不懂女儿的心思了。因为这个小女孩在很多人看起来都有些不可理喻，她虽然热情开朗、天真活泼，遇到事情的时候也很有主见，可是有一点让很多人无法忍受，那就是她一点也不像其他小女孩那样“安分”。男孩子喜欢读的武侠小说她一部也不落下，对流行音乐更是情有独钟，整天嘻嘻哈哈、疯疯癫癫的。她还喜欢玩一些游戏，喜欢和朋友一起爬山，喜欢所有的动物。她还曾经信誓旦旦地说将来要像三毛一样穿越撒哈拉沙漠，还要去美丽的西藏寻找久违的梦想，她想看看藏族人手中的转经筒究竟有什么样的秘密，让人如此虔诚……

这位母亲满面愁容地说：“现在都快把我急死了，我的那个让人又爱又恨的女儿好像对什么都感兴趣，可是她的成绩无论如何也提不上去，这样下去肯定考不上重点高中，上不了重点高中就上不了重点大学，如果读不了重点大学，那她以后的日子该怎么过啊？”

看着这位母亲着急的神情，笔者问道：“孩子在班里能排多少名呢？”

“班里总共有五十多个孩子，每次测验她都在十三四名徘徊，好像是那个名次的专业户了。这个孩子也不知道上进，怎么说也应该弄个前五名吧！”

听完这位母亲的话后，笔者轻轻地舒了一口气，继而报以微笑。其实她的女儿所在的学校虽说算不上是重点初中，但是声誉还是不错的，

一个朝气蓬勃、有着广泛兴趣的小女孩能把成绩保持在班级的中上游已经很不错了。其实这也应该是父母最欣慰的事情。孩子如此热爱生活，如此富有情趣，这本是非常难能可贵的。

是的，在目前的教育形势下，孩子的学习成绩似乎还是大部分父母最关心的事情，很多人被孩子的升学压力迷惑了眼睛，分不清让孩子接受教育的真正意义。当然，有些父母也明白不能一味地追求试卷分数的高低，但是他们还是有很多无奈，明知道社会需要的不是那些高分低能的人，却又不得不让孩子把全部精力都扑到学习上。其实父母应该尝试着把眼界放远，培养孩子广泛的兴趣爱好，让孩子的生活变得丰富多彩。孩子本应该处在最快乐的时光中，不要让成绩抹杀了孩子的天性。再说，让孩子拥有广泛的兴趣爱好也有利于他们长远的发展。

曾经有一个男孩，初中的时候就夺得了全国物理奥林匹克竞赛的三等奖，于是初中毕业的时候，他被省属重点高中招走了。这个孩子果然不负众望，即使在高手云集的省级重点高中，他的学习成绩也一直名列前茅。刚开始的时候，高中的班主任老师只是觉得这个男孩比较腼腆，可是时间一长老师才知道，这个男孩基本上没有什么业余爱好，他所有的业余时间都是在学习，他不懂得如何与人交往，也不知道该怎样处理同学之间发生的一些小小的摩擦，他的语言表达能力也不尽如人意。

按理说，他的思维应该比较活跃，他的兴趣也应该比较广泛。为什么这个成绩优秀的孩子会有这么多缺点呢？后来老师才了解到，这个男孩的父亲非常专制，他不允许孩子有任何兴趣爱好，只希望孩子能有一个好成绩。他从来没有带孩子参加过什么的活动，也不让孩子长时间地和同伴玩。在这种教育方式的影响下，孩子的学习成绩是不错，但是孩子做事的能力却在飞速地倒退。

孩子不是学习的工具，如果只是让他上学读书，那么成绩再好也不利于他今后在社会上谋生存、谋发展。作为父母，你应该明白，你的孩子终究是要步入社会的，也将会同社会上种种事物产生种种难解的关系，而这些关系单靠优异的学习成绩是不能解决的。所以，帮助孩子学习文化知识的同时，也试着培养他们在艺术、科学、交际等不同领域的才能吧。父母的任务是要让孩子最终掌握生存的本领，而不是让孩子变成学习机器。

如果你的孩子也曾有过诸如沉迷于网络、沉迷于电视甚至沉迷于电子游戏的情况，请不要继续熟视无睹了。孩子之所以会这样，是因为孩子的兴趣爱好过于单一，他的世界里除了学习、吃饭、睡觉，就只有上网、看电视或者玩电子游戏这样一些东西，而这显然不利于孩子多元化的成长。所以，父母们，请从现在开始尝试着帮助孩子培养广泛的兴趣爱好，给孩子一个多彩而健康的成长空间。

父母应该知道的

那么，父母在培养孩子广泛的兴趣爱好的时候需要注意哪些问题呢？

1.孩子兴趣广泛有利于学习知识

有些父母认为，现在孩子的学习压力已经够大了，如果再让他们发展兴趣爱好，孩子会不会承受不了？其实大可不必有这样的忧虑。据科学家研究，人的脑细胞总共有120亿个左右，其中能够被人充分利用的还不到10%，剩下的脑细胞处在闲置状态，因此说，我们每个人的潜力都是非常大的。还有的父母认为如果让孩子发展太多的兴趣，势必会影响孩子的学习成绩。这种说法同样也很片面。如果让孩子培养了积极向上的兴趣爱好，会让孩子增强自信心，并且提高他们的综合素质，这不但不会影响孩子的学习，还能让孩子劳逸结合，提高学习成绩。

2.广泛的兴趣爱好有助于孩子的人际交往

让孩子拥有广泛的兴趣爱好就可以开拓孩子的视野，这对于孩子的人际交往有很大的好处。

身体瘦弱的小光以前总是独来独往，不喜欢和其他同学在一起玩耍。他总觉得自己和别人没有共同语言，站在同学面前的时候总感觉低人一等。后来，爸爸让他参加了一个滑板俱乐部。过了一段时间之后，小光明显地跟以前不一样了，他开始主动和大家交流了，还时不时地和同学打打闹闹，有时，腼腆的他还会给大家讲一些冷笑话。这一切都得益于小光参加了滑板俱乐部。在那里他结交了很多朋友，他们在一起切磋技艺，有时还交流一些心得，所以小光才有了现在的变化。

3.培养孩子的兴趣爱好不要盲目

培养孩子广泛的兴趣爱好并没有错，但是在这个过程中，要结合孩子的实际情况进行选择。有的父母急功近利，前天看到李家的女儿在钢琴大赛中得奖了，就兴致勃勃地让孩子学弹琴；昨天得知张家的儿子在运动会上拿了金牌，就让孩子参加游泳练习班；今天刚刚听说某个著名导演要来海选影视剧的演员，于是又萌发了让孩子学习影视表演的念头。类似这样的做法很不好，父母使孩子不停地周转于各个兴趣班之间，而根本不知道孩子真正的爱好是什么。

所以，在培养孩子兴趣的时候不要好高骛远，要结合孩子的实际情况选择培养孩子的特长。

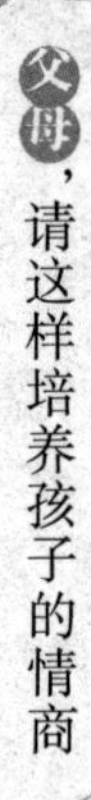

不压制孩子的爱好，还要会引导孩子的爱好

15岁的娜娜很喜欢交朋友，只不过她的学习成绩不容乐观。像很多女孩一样，娜娜擅长文科，尤其是语文，她的文笔很好，她写的作文经常被老师当做范文在班里读。不过，她的理科成绩就不太好了，尤其是数学，在升入初二以后就从来没有及格过。眼看着就要中考了，父母着急得像热锅上的蚂蚁。为了能够帮助娜娜提高成绩，父母可谓是煞费苦心，不仅给娜娜请来了家教，还让她参加各种辅导班，甚至还让娜娜参加什么“神奇记忆法”的培训课程。一番折腾下来，钱没少花，可是娜娜的成绩就是不见起色。

爸爸妈妈觉得自己为了女儿已经付出了这么多，够辛苦的了，可是倔强的娜娜却毫不领情。娜娜喜欢跳舞，还曾经代表学校参加了全市中学生的舞蹈大赛。可是爸爸妈妈却认为，女孩子不应该“在那种领域里面混”，于是他们坚决反对女儿练习舞蹈。有一次，据说一个著名的舞蹈老师要选一个入室弟子，娜娜和几个好姐妹说好要一起去看看，等到临出门的时候，娜娜却被母亲粗暴地拦了下来。母亲还用一些非常刻薄的话来骂她，并且不由分说地把她反锁在了房间里，娜娜为此哭了很长时间。第二天孩子上学后，直到傍晚，父母还不见娜娜回家。

妈妈在娜娜的房间里找到了一封写给她的信，信中说：“爸爸妈妈，我真的很不喜欢数学，你们为什么要这样一再逼我呢？每当看到你们恨铁不成钢的眼神，我的心里就很不好受，可是我真的努力了，我学不好。我喜欢跳舞，我喜欢在音乐的律动里尽情地舞动身躯，只有在那个时候我才能感受到一点点快乐，感受到自己存在的价值。可是你们为什么一味地阻止我学跳舞呢？我想不通，真的想不通。我再也不想这样难受下去了，与其这样痛苦地生活，还不如选择离开，从此你们就再也不用因为我而生气了，我也不用强迫自己学那些令人讨厌的东西了。”

父母明白了：娜娜离家出走了。

也许不少父母都遇到过孩子离家出走的情况。父母不应总是抱怨说“现在的孩子都惯坏了，让他吃好的、穿好的、住好的，他还会稍不如意就离家出走”，设身处地去为孩子想想吧，他们的任何行为都有理由的。吃好穿好住好固然使孩子们身体舒适，但他们也是有思想的，他们对自己的兴趣爱好也抱有热望。所以，在面对孩子的兴趣爱好时，请父母放弃专制，多些民主和尊重，以期让孩子获得良性发展。

当然了，孩子毕竟是孩子，相对而言，他们还不能够做到完全客观地看待一些问题，他们也有不知如何选择的时候，这时，他们就希望得到他人的认可，尤其是他们眼中无所不知的父母的认可。作为父母，当然也不要辜负了孩子对你们的信任和依赖，应以你的经验来帮助孩子做出最佳的选择，比如，对孩子的健康的兴趣爱好给予鼓励和赞赏，这样既能够维护孩子的自尊心，还能够激发孩子的进取心。

李女士夫妻二人很注重培养孩子高雅的艺术情操。在女儿很小的时候，他们就让孩子熟悉一些艺术，比如他们让孩子学习怎样欣赏书画，怎样聆听音乐等。不过，这时候他们教给孩子的只是一些很简单的入门知识。到了孩子12岁的时候，他们才经过精挑细选为孩子找了一个很好

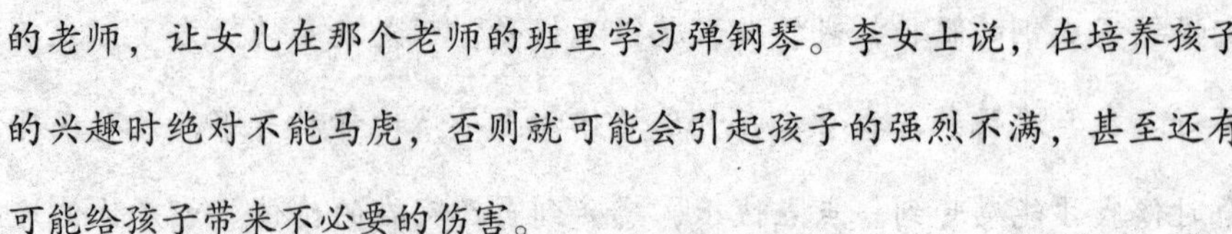

的老师，让女儿在那个老师的班里学习弹钢琴。李女士说，在培养孩子的兴趣时绝对不能马虎，否则就可能会引起孩子的强烈不满，甚至还有可能给孩子带来不必要的伤害。

刚进入钢琴班的时候，女儿的热情并不是特别高，学习的进程也很慢，但是孩子也没有说自己特别讨厌弹钢琴。这时，李女士意识到应该好好地鼓励孩子了。于是她经常表扬孩子。

忽然有一天，女儿漂亮的眼睛肿得像桃子一样，李女士见此情况，就知道宝贝女儿一定刚刚哭过。她没有问孩子原因，而是意味深长地对她说："孩子，不管遇到什么样的困难和挫折都不要轻易地放弃，这时往往更需要坚持，因为坚持就是胜利！"

女儿点了点头，表示同意妈妈的观点。过了一会她说："妈妈，是不是我真的很笨？这次我们举办了一个钢琴比赛，有好几个平时没有我弹得好的人都得奖了，可是我却没有得到……"说到这里女儿又开始哭了起来。

"孩子，这只是意外。上次你的老师还在私下里跟我说你就是一个钢琴天才呢。"妈妈用善意的谎言哄着眼前的女儿。

"真的吗？老师真的说我是一个钢琴天才吗？"女儿眼睛里闪烁着希望的光。

对于这个事例，我们暂且不去看结果如何。也许李女士的女儿最终会成为一个著名的钢琴家，也许她只是一个拥有此爱好的普通人，但是无论怎样，我们有一样是确定的，那就是她的女儿有了信心和希望。这是李女士给女儿的爱好进行积极引导的结果，无论以后女儿在钢琴方面的成就如何，她至少可以从中得到快乐。

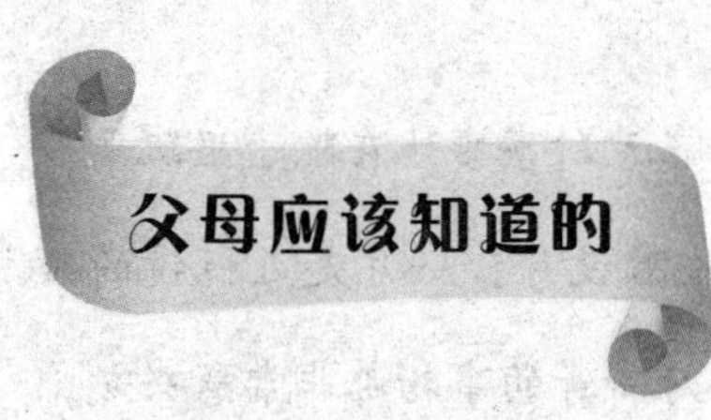

父母应该知道的

父母要想合理正确地引导孩子的兴趣爱好，就不妨从以下几个方面做起：

1.抓住关键时期

父母要注意留心观察孩子的表现，一旦发现孩子对某些事物感兴趣，就要立刻行动起来，培养孩子的兴趣，因为孩子往往不能把精力长时间放在某一项活动上。如果父母能够及时地给予引导和督促，就有利于使他们维持较长时间的注意力。

陈老师是一位小学教师，她的丈夫常年在外，因此女儿就靠她一个人照顾。陈老师经常一边哄着女儿不要哭闹，一边备课。女儿看到妈妈写字，也拿起铅笔胡乱地写起来，在妈妈的耳濡目染之下她学会了很多字。等到女儿入学以后，陈老师就有意识地把她带到学校的书法协会，有时学校组织学生进行现场书法比赛，陈老师也会把女儿带过去，让她感受那种挥毫泼墨的氛围。每每这时，她就会发现女儿竟然也学着参加比赛的人有模有样地比划起来，如今，陈老师那还不满10岁的女儿已经能写一手漂亮的毛笔字了。

通过这件事，陈老师自己总结了一个经验给众多父母分享，那就是：当孩子对某项活动感兴趣的时候，父母一定要抓住这个关键时期对他们进行培养，不然，一旦孩子不喜欢这件事了而父母又回头让孩子学的话，就会收效甚微，甚至还可能会有负面影响。

2.让孩子在游戏中培养兴趣

一天，塞德兹从外边回来，看见儿子正无所事事地在院子里玩耍。塞德兹把儿子叫到跟前，从包里掏出两片眼镜片，一片是近视镜的镜片，一片是老花镜的镜片。小塞德兹向来对新奇的事物都非常感兴趣，他忙把镜片架在自己的眼睛上玩，结果，没过多大一会儿，他就大喊眼花，于是，赶忙把镜片举到离眼睛较远的地方，只有这样才能看清楚镜片后的东西。塞德兹任他去玩，不加干涉。

当小塞德兹一只手拿着近视镜的镜片，一只手拿着老花镜的镜片，一前一后地向远处看时，他兴奋地大叫了起来，因为他发现远处教堂的尖塔突然来到了他眼前。

他高兴地说："爸爸，快来看啊，教堂的尖塔就在我眼前！"

于是，他了解了望远镜的原理，并亲手制作了他的第一架望远镜。

游戏从来不是坏事，它能够开阔孩子的眼界，同时也能使孩子的认识得以提高。聪明的父母应该让孩子尽情地享受游戏的乐趣。

3.引导孩子的兴趣离不开父母的赞赏

父母在孩子的心目当中是很权威的，父母的一句鼓励、一个眼神、一个微笑都可能给孩子带来巨大的影响。孩子在学习的过程中不可避免地会遇到很多挫折和坎坷。这时候父母不要冷言冷语，更不能充耳不闻、视而不见，而应主动去鼓励孩子、赏识孩子，让孩子有勇气去面对并克服遇到的困难。

曾经有一个教育专家做过这样一个实验，他让同一个年纪的两个班的学生做了一套测试题，然后分别随机从两个班中找出10名学生，很认真地告诉他们说："通过这次测验，我发现你们几个是班里最有潜力的人，以后你们要好好学习，你们的成绩会有更大的提高。当然，你们在其他方面也会做得很好！”

这些孩子听到专家对自己进行了如此之高的评价之后，感觉自己也的确可以做得更好。他们变得更加开朗活泼，在学校的各种活动中都有出色的表现，同时他们的成绩也有了很大的提高。相对于那些没有受到肯定的孩子来说，这些孩子的进步更大。

父母们，对于孩子，不要再吝啬你们的赞美了。夸奖他、肯定他，会使他更积极地去做有意义的事。

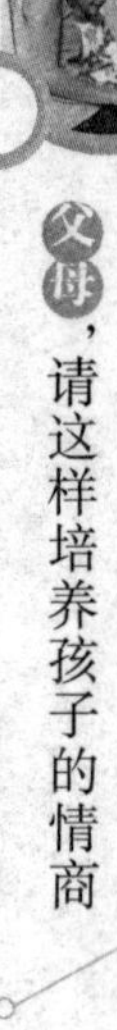

孩子有着不可估量的潜能

2009年的汶川地震让无数生命瞬间走向了灭亡。就在白驹过隙般的一瞬间，山河破碎，曾经温馨美丽的家园瞬间成为一片废墟。人们在悲痛的同时也被一次次地感动着。

9岁的小林浩是这次灾难的幸运者，他同时还有另外一个身份——抗震小英雄。据说在地震来临的时候他正走在楼道里，忽然就被其他同学给砸倒了。那时所有的孩子都极为恐惧，为了让大家保持镇静，他开始带领同学们唱歌。后来小林浩先后背出来了两名受伤的同学。林浩的事迹被报道后让很多人由衷地赞叹：只有9岁大的孩子竟然可以救回两名同龄人，人在灾难时爆发的潜力竟然如此惊人。

人的潜能就像爆发前的火山一样，这种能量是不可估量的。众所周知，火山不会无缘无故地爆发，岩浆只有在一定条件下才会喷出地面，形成非常壮观的现象。同样道理，孩子的潜能也不会自发地爆发出来，也需要外界条件的刺激。激发孩子潜能的最佳时期就是孩子的童年时代，而父母在这个过程中就扮演着激发孩子潜能并且最终让孩子的潜能以最大的形式爆发出来的角色。孩子的潜能是否能够很好地被激发出来，关键就要看父母发现并激发孩子潜能的智慧了。父母都希望自己的儿女能成为人中龙凤，这是可以理解的，也不是难以实现的，因为毕竟每个人都有自己的长处。俗话说“尺有所长，寸有所短”，即便是表面上再一无是处的孩子也有他自己的闪光点，也有被隐藏起来的才能。所以父母应该竭尽全力挖掘孩子的潜能。

相信大部分人都知道舟舟的故事。

有这么一对父母，他们给自己刚刚出生的儿子取名为胡一舟，因为他们希望自己的儿子能够像一叶扁舟那样在命运的海洋上乘风破浪，缔造属于自己的精彩生活。可是这对父母万万没有想到，命运竟然跟他们开了一个黑色玩笑。母亲张慧琴发现，自己的儿子和其他的婴儿有很大不同，不久之后医院就给出诊断结论，这个孩子患有先天性愚型症，而这种疾病在我国新生儿的发病率中只有500万分之一。

张慧琴曾是武汉机床厂的厂医，她忍受着巨大的悲痛抚养着儿子，可是命运似乎总喜欢捉弄同一个家庭。人们常说医生能够给人看病，却往往不能自医。这句话用在张慧琴的身上再合适不过了。

1994年年初，张慧琴总感觉自己的乳房疼痛难忍，后来经过检查被确诊为患上了乳腺癌。这个消息就像一个晴天霹雳，悲痛欲绝的张慧琴无法承受这个突如其来的打击。她难以想像，如果自己去世以后，患有先天性愚型症的儿子如何在没有她的世界里生存。于是她想到了自杀，并且决定要带着儿子一起离开这个痛苦的世界。回家之前，张慧琴买来整整两瓶足以在短时间内让人丧命的毒药。

此时，张慧琴感觉自己的背包就像一座大山一样压在了她的身上。包里不仅仅是两瓶药，更是两个人的命啊！她的双腿像灌了铅一样。等到张慧琴回到家里的时候，已经是晚上八点了，在家等候已久的舟舟看到妈妈回来，便为妈妈拿来了一双拖鞋。张慧琴的眼泪在那一刻夺眶而出，她一把将儿子抱在怀里，心里有一种说不出的难受。她想："不管

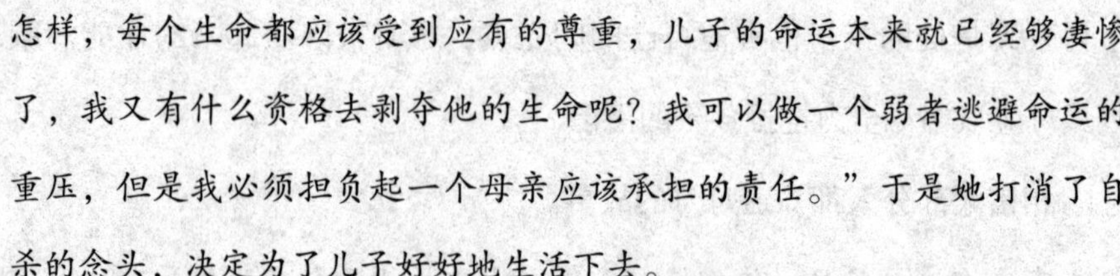

怎样，每个生命都应该受到应有的尊重，儿子的命运本来就已经够凄惨了，我又有什么资格去剥夺他的生命呢？我可以做一个弱者逃避命运的重压，但是我必须担负起一个母亲应该承担的责任。”于是她打消了自杀的念头，决定为了儿子好好地生活下去。

一次，张慧琴路过一家音像店时，发现很多人聚集在一起，还不时地从里面传出来一阵阵喝彩声和热烈的鼓掌声。好奇的张慧琴走上一看，被眼前的一幕惊呆了，在那一刻她甚至都开始怀疑自己是不是在做梦，因为在人们的眼中是弱智的舟舟，竟然在那里随着音乐的旋律自由地挥舞着手中的小木棒，俨然一副小指挥家的神态，看不出有任何紧张和做作。这时，一个念头忽然在张慧琴的心中萌发：能不能让孩子在音乐的道路上发展呢？回家之后，兴奋的张慧琴就把自己的想法告诉了丈夫，丈夫也十分赞同。

很多人不知道为什么只相当于几岁孩子智力的舟舟竟然对音乐如此敏感。原来，舟舟的父亲是一位小提琴手，舟舟一直都生活在武汉乐团的家属大院里，爸爸经常会带着他去排练大厅，而懂事的舟舟从来不会给叔叔、阿姨捣乱，每当他们排练时，舟舟就会很安静地在一旁聆听。等到乐队演出的时候，舟舟会躲在化妆间里很认真地把自己的小脸涂抹得色彩斑斓，演出正式开始后，他就总是站在舞台一侧，陶醉在音乐的海洋里，并且还随着乐队的演奏做出相应的指挥动作。

张慧琴买来了《梁祝》、《卡门》等曲子让儿子聆听，可爱的儿子不管在何时何地，只要听到音乐就会挥舞起自己的小胳膊。

后来，一名导演发现了舟舟的指挥才能，他用了10个月的时间给舟舟拍摄了一部纪录片，名字就叫做《舟舟的世界》。影片播出后引起了强烈的反响，舟舟应中国残联的邀请参加了1999年残联举办的春节晚会。2000年，舟舟和影星施瓦辛格一同走进了人民大会堂，舟舟再次以他的才能感动了无数人。

现在的舟舟已经蜚声国际了。

舟舟以他的行动告诉世界：没有任何生命是廉价的。而张慧琴，这个伟大的母亲也以她的实际行动告诉天下的父母：任何一个孩子都有不可估量的潜能，能不能把孩子的潜能挖掘出来，关键就在于为人父母者怎么去做了。

父母应该知道的

要想做合格的父母，不仅仅要关注孩子的衣食住行，还要关注孩子有哪些潜能，努力将孩子的潜能激发出来，从而成就孩子的一生。那么，究竟该如何去激发孩子的潜能呢？以下几个方面可供参考：

1.注意观察孩子的言行

伟大的雕塑家罗丹曾经说："生活中不是缺少美，而是缺少发现美的眼睛。"这句话同样适用于家庭教育。很多父母抱怨自己的孩子没有什么可开发的特长，其实原因不在于孩子，而在于父母没有留心观察孩子的言行。只要你细心观察孩子的举止，就会发现孩子在哪些方面表现了很大的兴趣，然后就可以进行一些必要的引导。

2.为孩子创造一定的条件

鲁迅先生说："读书人家的孩子熟悉笔墨，木匠的孩子会玩斧凿，

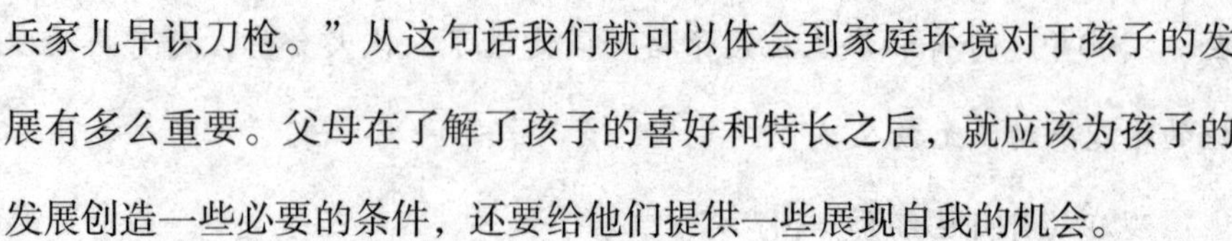

兵家儿早识刀枪。”从这句话我们就可以体会到家庭环境对于孩子的发展有多么重要。父母在了解了孩子的喜好和特长之后，就应该为孩子的发展创造一些必要的条件，还要给他们提供一些展现自我的机会。

大多数人了解达·芬奇都是从那个画鸡蛋的故事开始的。其实，达·芬奇能够成为一名举世闻名的画家，其父功不可没，因为是他的父亲发现了达·芬奇的兴趣，并为他的发展创造了很多条件。

童年时代的达·芬奇就对大自然表现了浓厚的兴趣，并且对绘画表现了很大的热情。达·芬奇经常拿着笔和纸张蹲在草丛中，仔细地观察五彩缤纷的花草树木，然后全神贯注地描绘着自己眼中的花朵和小草。有时候，他还会一个人跑到山洞里捉回一些小动物，描摹出这些憨态可掬的小家伙，可是由于没有受过系统的训练，他的得意之作往往会成为“四不像”。不过随着时间的流逝，他的画画得越来越好了，很多人都亲切地称他为小画家。他也非常喜欢这个称谓。

有一次，一位邻居找到达·芬奇的父亲，想请他的儿子在一块木板上面画一些东西，父亲欣然答应了，并把那块木板给了儿子。达·芬奇拿到木板后，首先把它加工成了一个盾牌，然后在上面画上了自己喜欢的小动物，其中有蝴蝶、蝙蝠、麻雀，此外还有一些叫不上来名的小动物。当孩子把最终的作品交给父亲的时候，父亲感到无比惊讶。他意识到孩子是一个绘画天才。

达·芬奇的父亲为了让孩子受到更好的绘画教育，就带着儿子来到佛罗伦萨，请当地最有名的画家和雕刻家罗基奥做达·芬奇的启蒙老师。后来达·芬奇在罗基奥的指导下，再加上自己的刻苦学习，终于成为一位闻名世界的画家。

其实，孩子的天赋往往就隐藏在孩子最初感兴趣的事情上，如果父母能够及时地创造条件，充分挖掘孩子的潜能，他们就更容易取得成功。

3.激发孩子潜能需要父母坚持不懈的努力

激发孩子潜能的过程离不开父母坚持不懈的努力，只有这样，才能最大限度地挖掘孩子的潜能。

19世纪著名的天才卡尔在9岁的时候就已经掌握了6国语言。他精通生物和物理，不过他最擅长的还是数学。他10岁的时候就考进了大学，13岁的时候就出版了震惊数学界的《三角术》，16岁就取得了法学博士学位，同时还被聘请为柏林大学法学教授。

就是这样的一个孩子，谁会相信他小时候被很多人认为有些轻度痴呆，因为他总是表现得很迟钝，对外界事物一点都不敏感。不过他的父亲却不这么认为。他花费了大量的精力培养孩子，后来孩子逐渐地对动植物和地理表现出了浓厚的兴趣，可是当他面对数学的时候，就像一个霜打的茄子一样提不起精神。毕竟数学是一门抽象的学科，要学好数学有很大的难度。于是父亲便想了很多办法，他利用做买卖、把乘法口诀编成歌曲等想帮助孩子学好数学，可是仍然没有任何效果。虽然卡尔的父亲不想强迫孩子做自己不喜欢的事情，不过他还是希望孩子可以通过数学来提高智力。

后来，一位著名的学者给了这个父亲一个建议，让他们父子俩比赛玩豌豆，孩子对这个游戏表现了极大的兴趣。不过，父亲每次都会把游戏的时间控制在15分钟以内，因为数学毕竟是个枯燥的学科，如果长时间让孩子学习数学就会引起孩子的反感。就这样，在父亲的帮助下，卡尔对数学产生了浓厚的兴趣，后来才有了他在数学领域的建树。

第八章

交际从娃娃抓起，让孩子早一步踏入社会

人际关系在现代社会中的巨大作用越来越明显。很多成年人往往由于不善于处理纷繁复杂的人际关系，眼睁睁地看着很多机会溜走。父母在教育孩子的时候往往忽视了提高孩子的人际交往能力，因而很多孩子在和他人相处的时候就出现了一系列的问题。这样的孩子成年后必然会被很多人际交往的难题所困扰。让孩子学会如何与他人交往，已成为一个迫在眉睫的问题。

别忽视孩子的人际交往能力

涛涛的父母是做电脑生意的，所以涛涛在很小的时候就开始接触电脑了。两岁的时候，涛涛就已经学会用电脑玩简单的游戏；4岁的时候，涛涛就已经学会用电脑看动画片和听音乐了；7岁的时候，涛涛就学会了浏览网站。涛涛的父母刚开始看到儿子这种表现时还感觉很高兴，因为他们觉得儿子简直就是一个电脑天才，他们因此还骄傲了很长一段时间。可是到了后来，父母发现情况已经越来越严重了，涛涛整天都趴在电脑桌前面，有时候妈妈叫他吃饭他都顾不上答应。而玩游戏的时候，涛涛却表现得很兴奋，一旦离开了电脑，他就又会立刻变得无精打采。涛涛开始变得不愿意和别人进行沟通和交流，说话的时候总是结结巴巴，害怕和陌生人见面。每当家里来了客人，他就躲在自己的房间里不出来。到后来，问题就更严重了，涛涛在学校里都不主动和同学说话，见到老师也不知道打招呼。父母带着涛涛去看心理医生，医生诊断涛涛已经患上了轻度的社交恐惧症。

现实生活中，像涛涛这样患有社交恐惧症或者有社交恐惧症征兆的孩子不在少数，很多父母在前期往往忽视了孩子的这些征兆，以至于影响了孩子的交际能力。身为父母的你，如果尚未对孩子的交际能力重视起来，那就从现在做起吧，因为交际能力将会伴随孩子的一生，影响到孩子今后的幸福。

现实社会告诉我们，不论孩子将来要从事哪一个行业，他们都必须拥有处理各种社会关系的能力，同时也应该学会和不同的人进行合作。曾经有数百名教育界的精英聚集在北京讨论未来的教育方向，大家一致认为，未来社会需要的是那种既拥有较强的专业技能、又有良好的人际交往能力的人。全新的成功观念告诉我们，人际交往能力是评价一个人整体素质的重要标尺，人际交往能力是一种聪明才智，但是它又必须依靠一个人的品性来表现出来。如果一个人在某一个领域有很好的业务能力，可是他的品性却不容乐观，那么，他也不会拥有良好的人际交往能力，更不可能有一个良性的人际关系网。

人际交往是人与人之间进行交往和沟通的基本方式，这也是在家庭教育中不可忽视的内容。人际交往能力较强的孩子往往性格比较开朗，他们会有更多的朋友，他们不仅可以从容地和同学交往，而且还能自然地同长辈进行交流。孩子的人际交往能力比较强，就证明这个孩子适应社会的能力比较强。如果一个孩子不愿意或不知道如何与他人进行沟通和交流，那么他的朋友必将很少，在别人的眼中他甚至还会显得很孤僻。这样的孩子不习惯融入集体，长大后容易变得任性、自傲或者变得更加孤僻和抑郁。所以父母要从小培养孩子的人际交往能力。

7岁的小峰是一个比较任性的小男孩。一次，家里来了客人，父母让他跟客人打招呼问好，可是小峰却撅着小嘴死活不开口。一时之间，主人和客人都感到有些尴尬，但是也不知怎么办才好。等到吃饭的时候，菜还没有上齐，小峰就开始自顾自地大口地吃了起来，而且还不停地向客人问这问那；当客人同父母说话的时候，他也会无缘无故地打断。妈妈有些生气地瞪了小峰一眼，没想到正是这一眼把小峰给惹急了。他冲着妈妈大声地喊道："干嘛要瞪我啊，我又没说不让叔叔阿姨吃饭，你看他俩吃饭的时候嘴巴多快啊！"小峰的话让客人感到很不好意思，于是匆匆地吃了两口饭之后就赶忙告辞了。

如果一个人的行为举止落落大方，待人有礼貌，懂得如何尊重别人，就会使其他人愿意与之交往下去。可是现在的一些孩子却往往不知道应该怎样尊重别人，父母也忽视了对孩子这方面的教导。生活中有太多这样因为父母忽视对孩子的人际交往能力的培养而导致孩子不懂得基本礼仪和交际方法的情况。甚至有相当一部分父母认为眼下孩子还小，做得不好也很正常，以后长大了自然会做好了，因此便不把培养孩子的交际能力放在心上。殊不知，这样很不利于孩子的成长与成才，任何能力都是越早培养受益越大，所以，父母们应该在孩子小的时候就重视对孩子交际能力的培养，因为这关系到他们一生的发展。

父母应该知道的

要培养孩子的交际能力，首先就要找出孩子交际能力较弱的根本原因，这样才能够做到有针对性地采取措施，以便收到事半功倍的效果。那么，孩子不善于交际的原因究竟有哪些呢？

1.父母不重视孩子的交际能力

很多父母把心思全扑到了孩子的学习成绩上，因为在他们的心中，"知识改变命运"的观念已经根深蒂固了，他们认为，只要学好课本知识，其他的一切都会水到渠成。殊不知，这些父母都犯了一个通病，即他们没有认识到社交能力对一个人的重大影响。当孩子表现得很安静、不像其他孩子那样活泼时，有些父母还觉得自己的孩子很乖，并且为他们感到自豪。其实这是一种错误的观念，如果孩子的交际能力很差，那么即使他有着过硬的专业知识，也不会取得很大的成就。

有些父母怕孩子在和其他小朋友相处的时候受委屈，因此就告诫孩子不要和其他小朋友来往。长此以往，就会影响孩子的人际交往能力，他们就会变得比较孤僻。

2.通讯技术的发达减弱了孩子的交往需求

过去，人与人之间的信息交流主要依赖于面对面的交往，可是近年来通讯技术日新月异，通过手机、QQ平台、电子邮件等诸多方式就可以传递信息，很多孩子也乐于用这样的方式与他人沟通，同他人面对面交流的欲望逐渐减弱。与此同时，网络游戏成为许多孩子最感兴趣的事情。与现实相比，他们更愿意与虚拟中的人物相互交流玩耍，因为在网络里他们可以避免一些不必要的冲突，并且自己还能占领主导地位。

3.某些家庭环境因素影响了孩子的人际交往

家庭环境是影响孩子人际交往的最主要原因。如果父母的感情不好、经常吵架，或者是单亲家庭，在这种环境中成长的孩子往往更容易产生孤僻的心理。其实这些孩子很想和其他人进行交往，但是他们又害怕遭到拒绝。另外，如果父母溺爱孩子或者用一些刻薄的言语伤害了他们的心灵，他们就会变得更加自卑，不愿意和他人进行沟通交流。

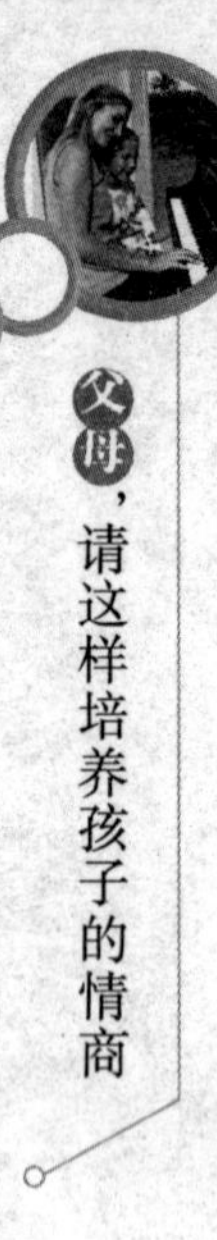

鼓励孩子融入集体

人是一种社会性的动物，从出生开始就会与周围的人产生种种联系。每个人都是某一个集体的成员，谁也不可能孤立地存在于这个世界上。人处在某种场合，就会成为相应集体的一个组成部分。一个孩子既是一个家庭成员，也是他所在班级的一员，既是学校的一员，也是本民族的一员，除此之外，他还是国家的一名成员。所以说，每个人都置身在集体中，每个人都要积极地参与到集体活动中来，不管是各种会议、娱乐活动还是体育项目，集体中的成员都要踊跃参加。

在集体活动中，孩子的身心会得到很大的放松，还会加强同其他成员之间的信任，这非常有助于孩子的身心健康，让他们找到一种归属感。更重要的是，参加集体活动有利于提高孩子的人际交往能力。

所以，要想让孩子健康地成长，父母就应该鼓励孩子参加到各种集体活动中去，这样能让孩子得到全面的发展。

当孩子置身于集体活动中时，他们的人际交往能力会得到有效的锻炼和增强，还可以和其他小伙伴交流信息和情感。时间久了，他们就会慢慢地学会怎样处理和他人之间的关系，并且能够通过集体活动而真正地理解相互尊重的重要性。在集体活动中，人们会对他人的活动做出评价，同时也会受到其他人对自己能力的评价，这个过程不仅有利于帮助孩子发现自己的不足和缺点，并进行弥补和改正，更重要的是，孩子在集体活动中可以学会如何与他人合作，并且还会找到自己的知心朋友。

几乎所有的美国教育者都认为，如果一个学生除了读书之外不喜欢参加任何课外活动，尤其是集体活动，那么，他就不能算是一个合格的学生。不管他的学习成绩有多好，他永远不是老师心目中的优秀者。他们认为，每名学生都应该参加各种各样丰富多彩的课外活动。事实上，在美国，那些只是学习成绩突出而其他一无所长的学生通常都是为人所不屑的。不管是学校教育还是家庭教育，他们都鼓励孩子多动手、行动起来，所以美国有很多孩子从小就喜欢编排话剧玩。有时，几个小家伙还会自发地组成一个乐队，并且积极地参加学校里的各种演出。此外，他们还会组成天文小组、绘画小组等，并且还经常一起出去游玩。

美国的学校要求学生必须参加文体活动，如果有谁逃避，就不能顺利毕业。他们经常组织学生参观科技中心、博物馆等地方。

那些经常参加集体活动的孩子，通常都会很乐观，因为在集体活动中他们找到了自信，并且体会到了和他人相处的快乐。如果美国的孩子被禁止参加集体活动，他们就会感到分外痛苦和寂寞。

几乎世界上所有的发达国家都非常重视让学生参加课外活动，因为人们知道，有很多东西在课本上永远也学不到，必须通过自身的实践才能有所收获。参加集体活动就是这样一个很好的平台。可是在我国，却有一部分父母不愿意让孩子参加课外活动，因为他们认为那是“不务正业、荒废青春”。即使有时身边有一些特别热情的热衷于参加各种活动的孩子，也会在父母的“威逼利诱”下乖乖投降，放弃了自己的爱好，为了升学变成书本的奴隶。

三年的高中生活是中国学生最辛苦的时候，巨大的升学压力让中国孩子直不起腰来。他们争分夺秒地做着数不清的习题，直到高考结束，

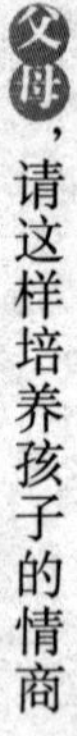

这种生活才算真正走到了尽头。那些顺利走过高考升学独木桥的人就会在一夜之间成为天之骄子，在象牙塔里享受着惬意的生活。可是在美国，人们坚决反对高中生一味地读书，而是鼓励学生参加课外活动。孩子也乐于参加到这些活动中。

我国在计划生育政策实施以前，很多家庭都有三四个子女，几个兄弟姐妹就会组成一个小集体，在相处之中，他们慢慢地就学会了如何尊重他人以及如何与他人进行沟通。另外，那时很多孩子会聚集在家门口做游戏，这也是一种集体娱乐活动。

可是现在，大部分孩子都是独生子女，在家庭的溺爱下，他们变得任性、孤傲、自负，在和他人的交往中往往以自我为中心。还有一些孩子天生就胆小，喜欢安静，总是习惯于一个人待在封闭的单元房里，玩弄着那些堆积成山的玩具。这些孩子通常都不喜欢参加集体活动时那种被约束的感觉，或者不喜欢某一特定的集体活动，因此他们宁愿一个人去玩自己的玩具。

作为父母，一定要注意观察孩子的言行，如果发现孩子不愿意参加集体活动，就要想办法帮助孩子回到集体中，帮助他找到归属感。否则，将会给孩子未来的发展带来很大的消极影响。

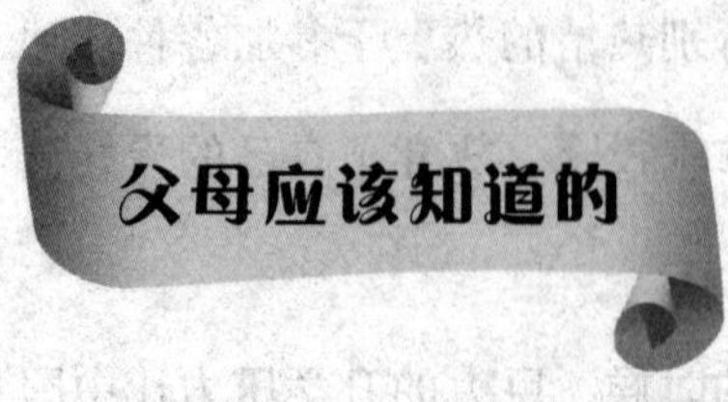

父母应该知道的

用什么办法才能让孩子愿意参加到集体活动中呢？以下几个方面供

父母们参考：

1.让孩子多和他人进行接触

要创造条件让孩子对集体这一概念有一个清醒的认识和了解。周末可以让孩子邀请同学到家里来玩，这时父母不能因为他们是小孩子就冷落了他们，而要对孩子的朋友表现足够的重视和热情，并给他们提供玩具玩。要鼓励孩子密切关注学校的动态，只要学校组织了活动就鼓励孩子积极地参加。到了节假日，要带领孩子一起走亲访友，多和他人进行接触，这是让孩子学会怎样和别人进行沟通和交流的必不可少的过程。

小磊的爸爸经营着一家大公司，妈妈也担任公司的经理，因为忙于生意，所以他们同孩子接触的时间就少了。上小四年级的小磊有一种和他的年龄不相称的忧郁。他总是一副心事重重的样子，也不愿意同别人交流。爸爸妈妈意识到了自己的疏忽，他们看在眼里，急在心上。因为本身就是商人，所以他们更深切地懂得人际交往的重要性。于是他们带孩子去看了心理医生，在心理医生的指导下，他们开始将更多的时间用在儿子的身上，还给儿子请来了两位家庭教师。说是家教，其实主要是为了让儿子尝试与人沟通，这两位家庭教师的任务就是想方设法让小磊高兴起来，不要再活在自己的那个小圈子里。此外，爸爸妈妈也开始经常带领小磊出席一些宴会，有时还和好朋友组成家庭聚会，几个家庭一起出去游玩，孩子们则在一起玩游戏。与此同时，妈妈还特意去和小磊的班主任老师说，如果学校有什么活动，也尽量让小磊去尝试一下。不久，小磊便逐渐开朗起来了，笑也多了，话也多了，朋友也多了。

2.让孩子在集体活动中发挥自己的优势

父母可以根据孩子的爱好和特长组织相应的活动，让孩子积极主动

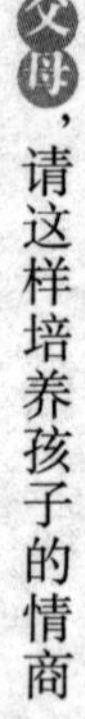

地参与到活动中来，同时要让孩子明白，既然是参加了一个集体活动，那么对于先前制订的游戏规则就要无条件地遵守。当孩子取得了一些成就的时候，父母要及时地进行鼓励。当孩子遇到困难的时候，父母要给予及时的引导和帮助。

3.让孩子明白自己是集体不可或缺的一部分

既然是要参加集体活动，那么集体成员肯定就会有分工的不同和效率高低的差别。父母要让孩子明白，不管自己处在哪一个位置，都是这个集体不可分割的一部分，都是不可代替的。同时，如果其他成员在活动过程中出现了失误，要教会孩子给予宽容和理解，而不是一味地责备，否则会让本来就已经很内疚的人感到更加难受。

小凯已经是一名小学五年级的学生了。一天，老师说“六一”儿童节的时候学校要举行联欢会，每个班都要出节目。经过协商后，大家决定要表演刚刚学过的童话《皇帝的新装》。可是当老师想要选出饰演皇帝的人的时候却犯了难，因为有好几个小男孩都要饰演皇帝，其中就有小凯。于是老师只好让几个孩子都准备一下，然后以大家投票的方式来决定最终的人选。为了得到那个角色，小凯回到家后就开始认真地揣摩皇帝的言行，还在穿衣镜前面有模有样地比划起来。

可是等到投票的那一天，小凯却落选了，这让他感到很沮丧。回到家后，爸爸询问缘由，得知儿子是因为落选而情绪低落后，爸爸语重心长地说：“儿子，在爸爸看来，你并没有落选。每一个节目都要有人表演、有人观看。没有人观看的节目，表演起来也没有意义。没有被选中当演员，就让自己做最好的观众！会欣赏也是对整个节目的贡献。”

听了爸爸的话，小凯低落的情绪不见了，原来自己并不是被淘汰了，只不过是换了一个角色，坐到了观众席的位置而已，他依然还是这个集体的一部分、一个不可代替的人物。

4.让孩子树立合作意识

6岁的小彼得正在他的玩具沙箱里玩耍。沙箱里有他的一些玩具小汽车、玩具敞篷货车、玩具飞机、塑料铲子和塑料桶。小彼得在松软的沙堆上修建供他的那些玩具车行使的公路和隧道，他还打算修一条玩具飞机的跑道。他在铲沙土的时候发现，在沙箱的中部有一块巨大的岩石。

为了把那块巨大的岩石弄走，小彼得开始挖掘岩石周围的沙子。但是由于那块岩石实在太大了，而他的力气又相对很小，他虽然拼尽全身的力气把大岩石弄到了沙箱的边缘，但是却无法把岩石向上滚动，翻过沙箱边墙。

小彼得稍微休息了一会儿，就又开始用尽全力把岩石往外推，然而岩石到这里后却纹丝不动。尽管如此，小彼得却并不放弃，他下决心要把岩石弄到沙箱外面。他不断地尝试着各种方法，一次又一次地向岩石发起进攻，可是，每当他刚刚觉得有了一些进展时，岩石就会再一次滑落，重新掉进沙箱。

小彼得着急了，他开始大叫起来，又一次用力猛推石头。结果，岩石再一次滑落，并且砸伤了小彼得的手指。

他哭了起来，手指疼痛再加上失败的打击，使得他的哭声越来越响。

一直在居室的窗前看着儿子想方设法推岩石的父亲走了出来，他来到彼得克跟前。

“小伙子，为什么不用上所有的力量呢？”父亲温和而坚定地说。

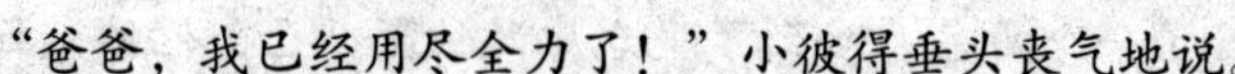

“爸爸，我已经用尽全力了！”小彼得垂头丧气地说。

“没有，彼得，你并没有用尽你所有的力量。为什么不请求别人的帮助呢？”父亲纠正了他的说法。

说着，父亲弯下腰，抱起岩石，轻松地把岩石搬出了沙箱。

以顽强的态度与执著的精神对待困难固然重要，但一个人的能力始终是有限的，为了取得成功，就必须借助他人的力量，懂得去和他人进行合作。所以父母要在孩子很小的时候，就注意培养孩子的合作意识，让孩子明白，有很多事情依靠一个人的力量是很难完成的，要学会借助外界的力量，树立团队意识。

传授孩子人际交往的秘诀

我国有句古话叫做“人心齐，泰山移”。当人们相互帮助朝着一个方向努力的时候，将会产生不可估量的能量。成功学大师卡耐基也曾经说过，一个人的成功主要依靠的就是他的人际关系。

在现代社会，人际关系正在逐步凸显它在帮助一个人走向成功时所起的重要作用。无论哪个年代，那些善于协调人际关系的人都是站在时代最前列的人，都是成功的宠儿。所以作为父母，要在孩子很小的时候就注意培养其处理纷繁复杂的人际关系的能力，这无疑是有利于孩子未来的发展的。

现实中，我们发现，有相当一部分孩子在处理人际关系时还存在着诸多问题。

首先，不同性别的孩子人际交往的广度有很大不同。大部分女孩都有一个比较固定的人际交往圈子，这种女孩的朋友数量一般都会在2~5个之内，有些女孩甚至只有一个朋友，根本不和其他同学进行交流。她们在选择朋友时大部分选择同性朋友，很少有哪个女孩把异性当做自己的玩伴。与女孩不同，大部分男孩的人际交往圈子都比较大，有的不仅会和同年级其他班的男孩交上朋友，甚至有的还会同高年级的师兄或者低年级的师弟交上朋友。当然，有些性格内向的男孩交往圈子也很小，这样的男孩有可能和一些女孩的关系特别好。

其次，很多孩子在交往过程中比较主动，他们往往会毫无顾忌地向对方暴露自己的缺点。孩子的社会经验比较少，他们也没有受到过朋友的伤害和背叛，因此他们在交往的时候也不会想到这些，往往会表现得很主动，会主动地接近自己愿意交往的人。这种现象在男孩中间表现得比较突出，他们一般会表现出愿意帮助对方、表达自己的喜爱之情，或者把自己的好吃的送给对方等。当对方表示愿意交往的时候，双方就会坦诚相待。他们会向对方展示自己的长处和缺点，而不是像成年人那样，即使面对自己最好的朋友，也会把自己的某一个角落隐藏起来。

再次，孩子之间的人际关系表现出不稳定的特征。这种现象在初中生和高中生当中较为常见。由于孩子的认知能力、分析问题的能力以及情绪的控制能力和成年人还有很大差距，因此在人际交往中，他们很容易和某一个人形成关系密切的朋友，同时又很容易破裂。他们在交往过程中显得比较任性。当他们在某些问题上出现分歧的时候，往往表现得比较偏执，固执地认为自己肯定没有错，而很少站在对方的立场上考虑问题，在这种情况下，两个人往往会不欢而散，而且友谊结束后就形同陌路，不会轻易和解，有的甚至永远都不再复合。对于小学生来说，这种情况出现得就比较少，他们很快就会把遇到的不愉快忘得一干二净，好像任何摩擦都没有发生过一样。

最后，还有一些极少数的男孩不善于向异性表达自己的好感。他们不会主动地接近对方表达自己的好意，而是为了引起对方的注意而故意千方百计地捉弄对方。当然，孩子不会做出一些出格的举动，可是这已经足够让对方怒火中烧了。看到对方生气或尴尬的样子，他们往往会感到很高兴。

事实告诉我们，孩子在人际交往上还存在着很多问题，父母应该在孩子小时候就教导孩子与人交往的方法，帮助孩子建立良好的人际关系。

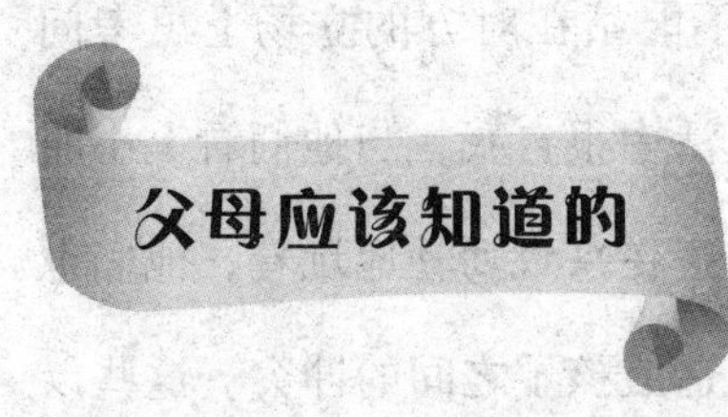

父母应该知道的

父母要想让孩子游刃有余地处理好人际关系，不妨从以下几个方面做起：

1.让孩子明白帮助和支持是相互的

人们在潜意识中总是希望得到别人帮助，但是父母要让孩子明白，不管朋友间的帮助是物质上的还是精神上的，都是相互的，没有谁应该无条件地为对方付出。当朋友帮助自己的时候，要以一颗感恩的心去回报他们。当朋友遇到困难的时候，自己也应该及时地伸出援助之手。

2.鼓励孩子和异性交朋友

很多小学生已经有了很强烈的性别意识，很多孩子的交往对象局限在同性之间，这无疑会让孩子丢掉很多朋友，不利于孩子的健康成长。作为父母，你应该做的是让孩子明白，异性同学身上有很多优点，如果不和异性交往将会是一种很大的损失。同时，父母还要给孩子提供与同伴进行交往的条件，在交往中提高孩子处理人际关系的能力。

3.让孩子学会为他人鼓掌

每个人都需要他人的肯定和赞赏，父母要让孩子明白，不能因为两个人的关系已经很好了，就忽视了对朋友的赞赏。当朋友在某些事情上做得比较好的时候，一定要及时表达出自己对他们的赞赏和肯定，这样有利于建立持久的关系。

4.让孩子学会体谅他人

如果一个人无法做到体谅他人，那么，他的人际关系一定一团糟。

孩子在很多事情上容易只为自己着想，不能站在对方的立场上思考问题。人们经常可以看到一些孩子在日常生活中很自我，当他们看上小朋友的某一件玩具的时候，即使那个小朋友正在兴致勃勃地玩着，他们也会毫不犹豫地冲上前去夺过来。这经常会造成孩子之间的冲突。这些以自我为中心的孩子做事情时的表现往往是自私的，不懂得该如何采取恰当的方法来表达自己的想法。这样的孩子没有与他人合作与分享的意识，这对孩子的发展很不利。父母要让孩子在遇到问题的时候试着站在对方的立场上思考问题，将心比心，这样才能交到更多的朋友，也会拥有良好的人际关系。

5.让孩子学会处理遇到的矛盾和冲突

在人际交往中，难免会有意见的分歧和利益的不均衡，有时甚至会引起一些小冲突。当孩子和他人发生矛盾和冲突时，父母就要给孩子恰当的引导，增强他们解决问题的能力。让孩子学会倾听他人的意见，如果孩子听取了对方的解释或者其他人的意见，就会对事态有一个相对客观和全面的认识，这在无形之中就增强了孩子处理问题的能力。这种情况下，孩子就能以恰当的方式让所有的人的利益得到最大满足，实现彼此间的双赢。

6.让孩子在集体活动中得到锻炼

父母要鼓励孩子多参加集体活动，因为在集体活动中，孩子与他人会紧紧地连在一起，这时候孩子必须在遵守共同制订的规则的情况下与同伴相互协作完成任务。同时，孩子也会体会到必须尊重他人，这样才能继续参加某个游戏，否则就会被排除在圈子之外。

帮孩子提升语言表达能力

同样一件事，如果用不同的语言表达出来，产生的效果也会有很大的不同。古人曾经用“出口成章”来赞美一个人良好的语言表达能力。

不管在什么时候，那些懂得表达技巧的人总是会受到他人的欢迎和尊重，而那些语言表达能力不尽如人意的人往往会得罪身边的人，从而给自己的发展带来消极的影响。语言是一种必不可少的沟通工具，如何提升孩子的语言表达能力是家庭教育中不可缺少的重要课程。语言专家经过调查研究发现，童年时代是培养孩子语言表达能力的最佳时期。有些父母认为，培养孩子的语言表达能力就是让孩子学会说话，即使不培养，孩子也会无师自通的，这是一种错误的想法。事实上，有很多孩子在语言表达上已经凸显了很多问题，这必须引起父母的重视。

小雪已经4岁了，与其他孩子相比，她没有这个年纪的孩子应有的活泼和贪玩的特点。她总是表现得非常安静。每当她想表达自己的意愿时，妈妈总是会尽力去猜测，这种情况下孩子就变得更不愿意说话了。幼儿园的老师曾多次告诉小雪的妈妈，孩子在学校的时候从来不主动与其他小朋友进行交流，当别的孩子和她说话的时候，她也是吞吞吐吐的，有时甚至把自己急得满头大汗，却没有表达出自己的意思。老师也曾经多次和她交流，可是她对老师都不想搭理。

其实像小雪这样的孩子在生活中并不少见。有些父母平时不注意培

养孩子的语言表达能力，当孩子有表达欲望时，他们嫌弃孩子表达得太慢或者表达得不清楚，于是就剥夺了孩子的话语权，在这种情况下，孩子的语言表达能力变得越来越差。此外还有一些孩子，虽然看起来很聪明，他们也表现了超人的智力，但是却不能和别人进行有效的沟通和交流。

赵女士的儿子三岁半了，截至目前，孩子已经进幼儿园有半年时间了。令赵女士感到十分头疼的是，孩子的语言表达能力一点都没见长。现在儿子只能说出只有七个字左右的句子，即使这样的句子，还得依靠成年人先说一遍，然后他再鹦鹉学舌地说出来。他只能表达自己最简单的意愿，例如吃饭、睡觉、喝牛奶、上厕所等，除此之外，他再也表达不出其他的想法。

不过这孩子学某些东西的时候却出奇地快。由于老师曾多次向赵女士反映孩子太难管，于是赵女士有时就把孩子留在家里，自己教他一些东西。这个三岁多的孩子已经能把《三字经》一字不差地背诵下来，对有些字，他看过两遍就能记住。不过，如果你问他几分钟前发生了什么事情，他却往往露出一脸茫然。例如，如果问他晚饭都吃了什么东西，他就干脆说不知道，有时候就会胡乱地说一些别的。孩子说话的时候也从来不看对方的眼睛，完全是一付心不在焉的样子。

也许赵女士的儿子属于个案，孩子的表现也比较极端：一方面学某些东西的时候效率很高，另外一方面表达能力却差得惊人。出现这样的情况很有可能是孩子不自信，这和家庭教育方式有很大关系。

生活中还有一些孩子，当他们想要得到某些东西的时候，不是尽力去表达自己的想法，而是不停地大喊大叫，有时候父母费了很大劲儿也没有弄明白孩子的意思，即使通过一番猜测最终得知了孩子的意愿，但最终孩子与其他人交流时仍然会有很多问题。因此，为了有效地提高孩子的语言表达能力，父母必须付出足够的精力。这是关系到孩子未来发展的大事，同时也是增强孩子自信的一个重要法门。

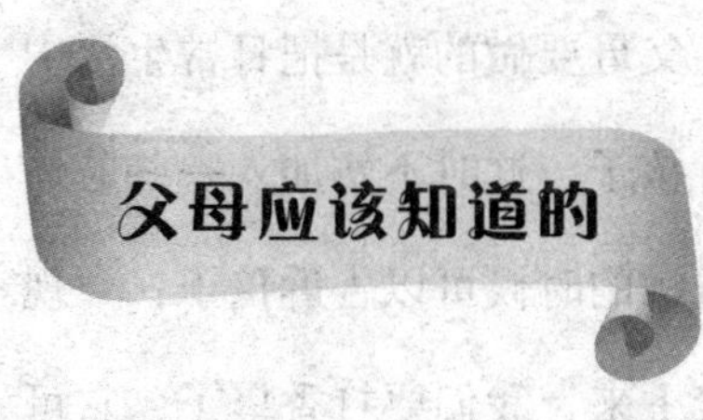

父母应该知道的

父母要想培养孩子良好的语言表达能力，不妨从以下几个方面做起：

1.父母要对孩子的语言表达能力给予足够的重视

研究证明，四岁以前是训练孩子语言表达能力的关键时期。父母一定要给予足够的重视，不要觉得孩子的语言表达能力会自然形成，这需要经过一系列的训练。一旦错过了训练孩子语言能力的关键时期，想要再挽回就要付出巨大的努力。即便如此，有时候还可能收效甚微，到那时候再后悔就来不及了。父母还要认识到，孩子的语言表达能力在一定情况下可以反映孩子的智力发展情况。事实证明，那些语言表达能力较强的孩子通常都具有很好的想象力、观察力和逻辑思维能力。此外，当孩子能够用流畅的语言表达自己的观点的时候，也会对大脑的发育有一个良好的促进作用。

2.不要取笑孩子的发音

一切学习都是从模仿开始的。孩子刚刚学习说话的时候，肯定会有吐字不清的情况出现，有的时候还会带上一些莫名其妙的口音。这时，父母不要模仿孩子的话，更不要取笑孩子，父母应该做的就是用正确的发音再给孩子重复一遍他说的话，不久之后，孩子就可以做到用正确的方法发音了。

3.不停地和孩子说话

在孩子刚刚开始学习语言时，父母要和孩子不停地说话，但这并不是说要让父母喋喋不休地重复一件事情。父母要做的就是把日常生活中发生的事情用形象生动的语言清楚地告诉孩子。这时不妨加入一些肢体动作，让孩子更好地理解。例如给孩子洗澡的时候可以告诉孩子："现在是不是感觉小脚丫热乎乎的呢？""接下来，我们要打香皂了，它可以让宝宝的肌肤更干净。""现在我们该从水里出来喽，你看看，由于在水中泡了很久，你的手上出现了很多皱纹。"

4.尽量多给孩子讲故事

童话故事对孩子来说永远有着强烈的吸引力，父母不要小看给孩子讲故事起到的巨大作用。对于年龄较小的孩子，父母要选择那些短小精悍的经典故事，不仅可以让孩子学会勇敢、诚实、勤劳等优良品质，还会让孩子体会到语言的魅力。一旦孩子对语言产生了强烈的兴趣，那么，孩子的语言表达能力就会在短时间内有一个很大的提高。

5.培养孩子的语言表达能力不能离开孩子的兴趣爱好

父母在平时要多注意观察孩子对哪些事情比较感兴趣。很多男孩都喜欢赛车和变形金刚，这时父母就不妨尽可能多地找出一些赛车的图片，并且给孩子讲讲他们各自的优缺点。如果孩子沉迷于烹饪，就试着在购物的时候给孩子讲一讲各种蔬菜的名称、生产地区和生长条件。例如，父母可以为孩子说一下不同辣椒的口感，等等。

教给孩子最基本的社交礼仪

生活中我们经常可以听到类似“某某真没有礼貌”之类的话，这实际上说的就是那个人没有基本的社交礼仪常识。

社交礼仪在现代生活中发挥的作用越来越明显，它是一个人在人际交往中必须具备的素质，人们通过社交可以建立联系、相互了解、巩固关系……可是我们发现，有很多成年人缺少基本的社交礼仪，当他们处在社交场合的时候往往显得茫然失措，不知如何是好。其实他们也想把自己光鲜亮丽的一面展现给别人，只是心有余而力不足罢了。这些人之所以缺少社交礼仪，跟他们小时候接受的教育是分不开的。所以，父母们千万不要忽视了对孩子进行社交礼仪的培养。

当孩子降生到这个世界上的时候，他就已经成了这个世界的一份子。从那一天起，他就已经被卷入了复杂的人际关系网中。因此，在孩子小的时候就要开始对孩子进行社交礼仪教育。如果孩子从小就懂得一些社交礼仪，那么长大后，就会成为一个彬彬有礼的谦谦君子或者成为一个温文尔雅的窈窕淑女。

生活中有很多没有礼貌的孩子让父母伤透了脑筋，有时孩子的失礼行为还可能使得父母颜面扫地。

李女士是一家公司的副总经理，她有一个9岁的儿子。因为儿子的学习成绩非常突出，所以，当他们一家走在外面的时候，如果恰巧碰到邻居，邻居就会摸着李女士儿子的小脑袋夸了又夸。每当这个时候，李女士的内心就会升腾起一种强烈的自豪感。李女士说，因为自己生孩子的时候就已经是高龄产妇了，所以她分外珍惜儿子，再加上儿子的学习成绩不错，因此他们夫妻俩从不舍得让孩子受任何委屈。他们总会把家里最好吃的东西留给孩子，孩子也理所当然地接受。

不过有些事情却让李女士感到很头痛。儿子乘坐电梯的时候总是会横冲直撞，在公交车上有人给他让座的时候，他也不会主动地答谢，而且，平时不管见到谁，他都不主动打招呼。

不久前，李女士要参加一个晚宴，儿子哭闹着要跟着一起去。无奈之下，李女士只好把孩子带在身边，并且千叮咛、万嘱咐，让孩子不要在宴会上失礼。

到达目的地后，儿子在嘉宾中来回穿梭，走路的时候身子歪歪扭扭的，让人感觉很不舒服。很多人都还没有入席，儿子就跑到中间的座位上一屁股坐下了，并且大声地向服务生要可乐。等到上菜的时候，别人还没有开始吃，他就先下筷子，旁若无人地吃了起来。更让李女士感到生气的是，当服务生把儿子最喜欢吃的龙虾端上来的时候，儿子竟然一下把盘子端到了自己的面前霸占着。虽然大部分朋友都并没有在意，但是李女士还是感觉到有些人投来了鄙夷的目光。

其实，生活中像李女士的儿子那样的孩子并不少见，因为父母在平日里没有对孩子进行必要的社交礼仪教育，所以导致了孩子的种种无礼行为。

良好的社交礼仪可以给人留下美好的印象。如果一个人缺乏基本的礼仪常识，就会让人觉得他没有家教、不值得深入交往。上面事例中的孩子就让人很担忧，如果父母再不及时对孩子进行社交礼仪教育，那么将不利于孩子的健康成长。父母应该让孩子知道，在特定的场合下，要用恰当的方式和他人进行沟通和交流。在这个过程中，父母要注意采取合理的方法。

父母应该知道的

谁都想让孩子变得有礼貌，但是这也需要一个循序渐进的过程，不可操之过急。父母要想让孩子学会基本的社交礼仪，就不妨试试以下几个方法：

1.要让孩子注意个人仪表

现实生活中，有很多人不修边幅，不仅使自己的形象受损，而且也是对他人的不尊重。父母要教育孩子注意个人仪表，注意个人卫生。另外，父母在日常生活中也要注意自己的衣着打扮，要注意不同的场合应该穿不同的衣服，以配合整体的氛围。父母的这些礼仪行为也会在无形中影响孩子，从而在潜移默化中达到教育孩子的目的。

2.让孩子主动与他人打招呼

一个能主动和他人打招呼的孩子总是会受到很多人的喜欢。父母要让孩子知道，外出的时候应该和家里人告别，从外面回来的时候也要和家里人打招呼。同时，也要主动和外人打招呼，比如见到老师要主动问好，小朋友之间也要相互问好。

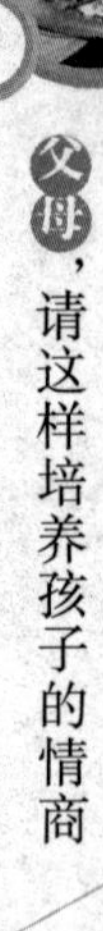

3.让孩子学会礼貌用语

教孩子在受到别人的帮助时应该主动说“谢谢”，受到别人的感谢，应该说“别客气”……当然这其中也要让孩子学会委婉地拒绝，但是一定要注意态度要诚恳。

4.让孩子学会尊重别人

现实生活中经常可以看到，很多孩子在进入别人房间的时候根本就不敲门，有些孩子打电话找同学的时候，也不管接电话的是谁，就直接说：“帮我叫一下某某。”这显然是不礼貌的。父母要帮助孩子学会尊重别人，比如在公共场所不要大声喧哗；在与人交谈时要注意看着对方的眼睛；不要随意打断别人的谈话，等等。

5.及时表扬和制止

当孩子主动向帮助自己的人答谢的时候，父母要及时地进行表扬和肯定。当然，这时候父母要明确地告诉孩子为什么要表扬他，而不是简单地说“你做得很好”。应该把表扬内容落实到具体行为上，例如：“你刚才对给你让座的阿姨说谢谢了，真是妈妈的好宝贝。”另外，当孩子做了一些失礼行为的时候，父母一定要及时制止，并且告诉孩子应该怎么做。只有这样，孩子才能意识到自己错了，然后进行改正。

6.让孩子懂得基本的餐桌礼仪

父母要告诉孩子，吃饭的时候应该先让长辈入座，当别人还没有开始吃的时候，不要着急动筷子，到朋友家做客不要挑食，不要乱吐东西，也不要在餐桌上大声讲话。

7.教育孩子要守时

现代人的时间观念越来越强，父母应该在孩子还小的时候，就要让孩子明白守时的重要性。比如，赴约的时候，不到万不得已的情况下一定不能迟到，这是尊重他人的表现。

8.让孩子学会欣赏别人

告诉孩子不要吝惜自己的语言，教给尽可能多地发现别人身上的优点并适时进行赞美。事实证明，那些善于欣赏别人的人往往拥有更好的人际关系。

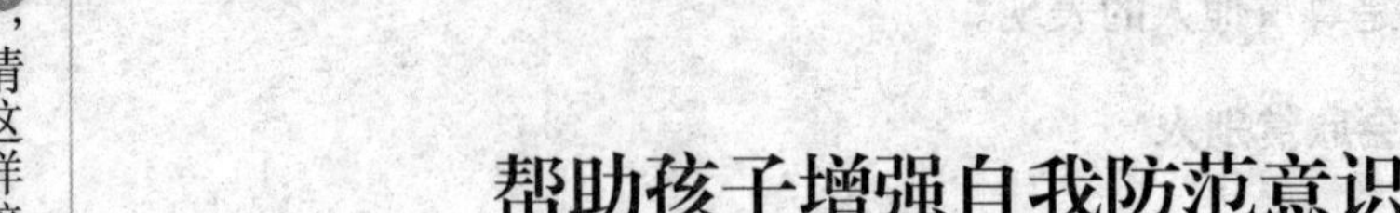

帮助孩子增强自我防范意识

被称为“中国寻子专家”的沈浩，3年之内向社会免费发放了3000万张扑克牌，其中涉及289个家庭的寻人信息。沈浩之所以从事这件公益事业，就是因为在8年前，他看到了一位江苏的母亲寻找女儿的报道，当时颇受触动，于是不久之后，他就创办了一家寻子网站，希望借助这个网站能够帮助更多的家庭寻找到亲人。截至目前，沈浩已经先后帮助29个家庭找到了亲人。

通过这些年的经历沈浩发现，几乎所有的寻亲家庭都是孩子遭到了拐卖。而这其中以3岁以下的孩子为最多。在这些被拐卖的孩子里，男孩的比例明显大于女孩。

现在的孩子在很小的时候就接受了教育，可是很多父母却忽视了让孩子树立防范意识。

2009年，一个名叫武东博的小男孩登上了电视银屏，这个小男孩聪明伶俐、乖巧可人，深受广大观众的喜爱。

由于家庭环境原因，4岁的他就已经能够应对一个人在家时遇到的种种情况。

他有着那个年龄的孩子少有的成熟和懂事。可是他却有一个让爸爸妈妈很头痛的问题，这个小男孩几乎没有任何防范意识。在大街上，无论是谁跟他打招呼，他都会抱以百分之一百的热情，经常会跟在别人的身后。在他的眼睛里，所有的人都是好人。为了让儿子记住不要随便跟陌生人走，爸爸不知道说了他多少次，可是这个小家伙依然没有防范意识，这让家人很担心。所以，只要上街的时候，家人会毫不放松地拉着他的小手。

大多数孩子都是这样，由于年龄小，或者本身思想就单纯，更谈不上有什么社会经验，因此他们往往无法分辨站在自己眼前的人是坏人还是好人。这时，如果父母再不帮助孩子增强自我防范的意识，一旦孩子进入到骗子的视野之内时，往往就会酿成悲剧。

调查结果表明，大部分丢失的孩子都是被人贩子诱骗而走，这样的比例竟然高达89%，只有一少部分的孩子是自己走丢的。有些孩子认为，只要别人给了自己好吃的东西，那么他就是自己人，于是就无所顾忌地跟陌生人走了。

父母应该知道的

据调查，我国每年都会有数万名的孩子被拐走，这和人贩子的黑心脱离不了关系，同时，作为孩子监护人的父母也要负一定的责任。如果父母在日常生活中教孩子一些自我防范的方法，也许就不会有那么多孩子那么轻易被拐走。

让孩子学会自我防范是家庭教育中不可或缺的一个重要环节，父母们，从现在开始帮助孩子增强自我防范意识吧，以下几个方面可以为你

们提供参考：

1.不要让孩子擅自离开学校

有很多人贩子都喜欢在幼儿园或者学校附近徘徊，一旦发现目标，他们就会立刻下手。所以父母要告诉孩子不要擅自离开学校。只要孩子不走出校门，即使人贩子有再大能耐，也不能把孩子拐走。

2.别让外人接孩子放学

不论多忙，父母一定要亲自接送孩子。还要让孩子尽可能多地记住自己家庭的信息，如家庭住址、门牌号、家里的电话号码、爸爸妈妈的手机号码和单位的电话。父母要告诉孩子，如果哪天有陌生人接自己放学，一定要先给爸爸妈妈打一个电话确认一下，否则千万不要跟他们走。

3.教育孩子不要随便接受陌生人的东西

用好吃的东西来引诱孩子上当是人贩子惯用的伎俩，所以父母要让孩子记住，不要轻易接受陌生人给的食物和玩具。不要因为别人给了好吃的就认为他们是好人，不能轻易地相信陌生人说的话。特别是对于那种自控能力比较差的孩子来说，父母更要千叮咛、万嘱咐，这样，孩子在遇到意外情况的时候才能更好地提醒自己。

4.让孩子学会求助

父母要让孩子记住，如果遇到意外情况，一定要向警察或者老师求助。比如，有些孩子会遭遇到高年级同学的勒索，这时就要求助于父母或者老师。同时父母要让孩子明白，坏人都是外强中干，他们表面看起来很凶悍，但是内心却非常胆怯，在很多情况下，奋力反抗或者大声呼救就会把他们吓跑。但如果情况十分危急，就不要在乎身上的财物，保住自己的生命安全才是最重要的。脱离危险以后，要立刻把情况告诉老师、父母和警察。

5.不可忽视媒体的作用

日常生活中经常可以看到媒体报道的拐卖儿童的犯罪案件。父母要将这些信息与孩子共同分享，并且还要让孩子参与到讨论当中来，总结出悲剧发生的原因。同时还要探讨一下，如果孩子也遭遇了类似的情况，应该采取什么样的措施。孩子在生动形象的事例的教育下会加深自身的防范意识。

参考文献

[1] 谢正斌. 你会教孩子吗Ⅱ [M]. 北京：九州出版社，2006.

[2] 琳达 · 兰提尔瑞. 培养情商：增强儿童内在力量的技能 [M]. 安燕玲译. 北京：中国长安出版社，2009.

[3] 邢桂平. 培养孩子最好的情商 [M]. 北京：朝华出版社，2009.